庭院设计

■ 主编　颜文明　吴寒冰

高职高专艺术学门类
"十四五"规划教材

职业教育改革成果教材

U0172326

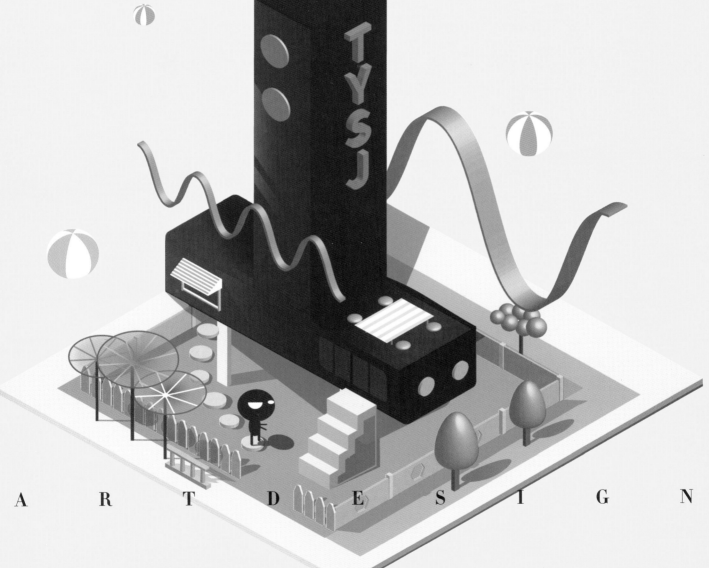

A R T D E S I G N

华中科技大学出版社
http://www.hustp.com
中国·武汉

内 容 简 介

本书围绕培养环境艺术设计人才这个目标,结合多年的教学经验和已出版的相关教材以及教改成果而编写,是一本系统性、综合性和适用性强的教材。本书注重多学科内容的交叉融合,可作为相关院校艺术设计、建筑设计等专业的教材。

本书共包括六个项目:庭院设计概论、中外造园史、庭院设计原理与要素、庭院造园手法与发展趋势、庭院设计项目实践、技能竞赛型庭院设计。本书是根据国内外最新专业资讯和国内艺术设计行业对专业人才培养的需求而编写的一本专门训练庭院设计能力的教材,也是作者从事设计和教学十几年来的经验总结。

《庭院设计》课件(提取码为 dqi6)

图书在版编目(CIP)数据

庭院设计/颜文明,吴寒冰主编. —武汉:华中科技大学出版社,2020.5(2024.7 重印)
ISBN 978-7-5680-6057-8

Ⅰ.①庭… Ⅱ.①颜… ②吴… Ⅲ.①庭院-园林设计 Ⅳ.①TU986.2

中国版本图书馆 CIP 数据核字(2020)第 069217 号

庭院设计
Tingyuan Sheji

颜文明　吴寒冰　主编

策划编辑：彭中军
责任编辑：彭中军
封面设计：优　优
责任监印：朱　玢
出版发行：华中科技大学出版社(中国·武汉)　　电话：(027)81321913
　　　　　武汉市东湖新技术开发区华工科技园　　邮编：430223
录　　排：华中科技大学惠友文印中心
印　　刷：武汉市洪林印务有限公司
开　　本：880 mm×1230 mm　1/16
印　　张：10
字　　数：324 千字
版　　次：2024 年 7 月第 1 版第 4 次印刷
定　　价：69.00 元

　　通过对全国多所职业院校环境艺术设计、景观设计、风景园林专业进行调查,编者发现职业院校的庭院设计课程的教学内容主要以别墅庭院或各类小型景观项目的教学为主。目前,市面上的教材大部分脱胎于本科理论教材,涵盖面广、理论论述较为深入,多从宏观角度讲解景观设计,对职业院校学生的就业去向帮助甚微;还有一部分教材的案例过于简单,且没有深入讲解设计的理论及方法,让学生在设计实践时无从下手。多年的职业教育让编者了解到职业院校教育的特点应该是使学生的学习注重实际操作,在教学上和教材上都应该注重实用性,强调动手能力的培养。

　　本书编写主要有以下几个特点。

　　(1)简单易学,讲授方法:作为针对初学者的设计入门教材,重点讲授设计方法。学生只要跟随书中的步骤操作,就能掌握这门专业课要求掌握的技能。

　　(2)程式教育,效果速成:本书不是为了培养学生的创意和艺术修养,而是为学生提供程式的设计方法,使初学者能设计精美的庭院,并绘制一套规范、优美的图纸。

　　(3)内容全面,查询图典:除了操作—素材—理论的主线,本书还包含庭院设计的各项要求与具体指标,并具体讲解了从平面图到施工图的画法,以起到设计图典的作用,供学生在疑惑时查询。

　　(4)清楚明白,以图为主:内容完全针对设计课的方案设计与制图需要来组织,用图示的方法列出庭院设计需要做什么,各有什么要求,如何绘制等。

　　本书共包括六个项目:庭院设计概论、中外造园史、庭院设计原理与要素、庭院造园手法与发展趋势、庭院设计项目实践、技能竞赛型庭院设计。颜文明编写项目一、项目三、项目六,吴寒冰编写项目二、项目四、项目五。本书编写过程中参考了大量文献资料,在此对相关作者表示衷心感谢。由于文献资料丰富且经过多次转载,一些作者已不可考,若相关作者或著作权人看到请与我们联系。

编　者

常州工业职业技术学院

2020.4

目录
Contents

项目一　庭院设计概论 ………………………………………………… 1

　　任务一　庭院设计导论 ……………………………………………… 2
　　任务二　庭院设计原则 ……………………………………………… 7

项目二　中外造园史 …………………………………………………… 11

　　任务一　东方庭院风格演变 ……………………………………… 12
　　任务二　西方庭院风格演变 ……………………………………… 21
　　任务三　现代风格 ………………………………………………… 31

项目三　庭院设计原理与要素 ………………………………………… 35

　　任务一　庭院设计原理 …………………………………………… 36
　　任务二　庭院构成要素 …………………………………………… 42
　　任务三　庭院设计其他要素 ……………………………………… 84

项目四　庭院造园手法与发展趋势 …………………………………… 91

　　任务一　庭院造园手法 …………………………………………… 92
　　任务二　庭院景观发展趋势 ……………………………………… 98

项目五　庭院设计项目实践 …………………………………………… 105

　　任务一　设计步骤详解 …………………………………………… 106
　　任务二　案例分析 ………………………………………………… 124
　　任务三　扩初与施工图设计 ……………………………………… 132

项目六　技能竞赛型庭院设计 ………………………………………… 139

　　任务一　技能竞赛型庭院设计章程解读 ………………………… 140
　　任务二　技能竞赛型庭院设计案例赏析 ………………………… 150

参考文献 ………………………………………………………………… 156

Tingyuan Sheji

项目一
庭院设计概论

> **内 容 概 述**

本部分主要包括庭院设计导论,庭院设计原则。

> **教 学 目 标**

学生能够了解庭院设计的含义,掌握明确的学习方向,在设计实践中能够遵循庭院设计原则。激发学生对庭院设计的学习兴趣,培养良好的设计习惯。

> **教 学 重 点**

重点掌握庭院设计的含义、学习方法和设计原则。

任务一
庭院设计导论

1. 绪论

庭院设计属于景观建筑学的一部分。景观建筑学研究的范畴是如何运用科学手段,根据功能的需要筑山、理水,进行建筑布局,搞好植物配置,从而对场地进行艺术造型,使庭院空间达到合理的状态。自然要素包括山、谷、河流和池塘等;植物有乔木、灌木和花草等;景观建筑有构筑物、街巷、桥、喷泉和雕塑等。因此,庭院设计是一个综合的概念,设计师既要拥有艺术家的审美品位,又要了解园艺、景观、建筑等知识。这样才能合理地对场地进行经营布局,并且在造园之后懂得如何管理、保养和修护。如图 1-1 所示为腾冲悦椿温泉度假村庭院设计。其质朴的建筑、复古的雕花墙壁、蜿蜒于庭院中的通幽石径,体现了一种纯朴的民俗气息。设计中巧妙地将建筑与自然景观融合起来,使之成为一个有机的整体。

图 1-1　腾冲悦椿温泉度假村庭院设计(图片来源:http://www.abbs.com.cn)

庭院设计的对象以室外空间为主,是人们游憩、休闲、社会交往的场所。这类空间较少有建筑,是以植被、水体等自然因素为主的场所。因此,庭院设计与自然生态环境修复与保护、可持续性发展景观以及人类游憩空间体系的构建密切联系。庭院设计主要包括建筑外部空间设计、绿地设计、小游园设计、景观设计等。庭院设计的范畴包括居住空间、酒店中庭、办公空间、寺庙庭院、小型公园等的设计。传统中式庭院与别墅庭院设计如图 1-2 所示。

庭院设计体现了人们对理想生活的向往。庭院设计方案能影响人们的生活品质、心理感受,甚至影响

图 1-2　传统中式庭院与别墅庭院设计(图片来源:http://www.baidu.com)

人们的社会交往活动。所以设计师必须认真、慎重地考虑人们在心理需求、行为习惯与社会交往的需要。

2.学习方法

学习庭院设计的关键在于如何能快速地入门,掌握有效的设计方法。如何正确掌握制图规范与绘图技巧,实现技能的突飞猛进是需要努力探索的。下面详细讲解六种实现学习目的的方法。

(1)学习历史、追根溯源

园林起源于村宅绿化与狩猎苑囿。据考古推测,古代的制陶、纺织及磨制工具等活动多半在户外举行,再加上集会、祭祀、玩耍等需要,人们都会在村落中或者四周的空地上植树,这样既可以遮阴防尘,又可以游戏其中。《诗经》中多处描写了村落近旁以植物为主,依靠天然地形建设的简朴早期民间园林。当我们追溯历史,研究世界各地的园林作品时,就会看到无论是造园理念、造园手法还是造园要素等方面都各具特色。从地域上看,每个民族都有其独特性。从时间上看,随着时代的发展民族特点也是发展变化的。这些造园特点因为民族文化与时代发展而产生、发展、变化,故称之为样式。在考察一座庭院的时候,首先要了解其造园史,并厘清该庭院在园林史上的位置。古典园林设计如图 1-3 所示。

图 1-3　古典园林设计(图片来源:http://www.baidu.com)

(2)解读背景、分析功能

在这个信息化高度发达的时代,想要寻找相关园林的背景资料很容易。背景资料除了在互联网上寻找外,还可以参考相关的文献。明代的文人园林已经相当成熟,出现了专业造园工匠,被称作"山子"或"花园子"。留园的叠石由当时的大师周时臣所制。其玲珑峭削"如一幅山水横披画"。今中部池西假山下部的黄石叠石,似为当年遗物。除了工匠,园林理论著作也层出不穷,如张岱的《陶庵梦忆》、钱咏的《履园丛话》、计成《园冶》等。这些著作奠定了中国园林的造园基础手法,呈现了其所追求的最高境界。苏州留园如图 1-4 所示。

图 1-4　苏州留园(图片来源:http://www.baidu.com)

(3)掌握造园理念、了解造园风格

不同地域、不同民族具有不同的造园理念与风格。学习庭院设计要掌握造园理念、体会造园意境,了解多样化的庭院风格。比如,中国传统古典园林所追求的最高境界究竟是什么?儒、释、道三教合一的思想是我国古代艺术的主要美学思想线索之一。古典园林艺术所追求的是:既可出世,隐居于城市山林,啸傲泉石,又可入世,阖家欢聚,是进行社交往来的生活环境。古典园林意境设计如图 1-5 所示。

图 1-5　古典园林意境设计(图片来源:http://www.baidu.com)

(4)学习造园手法、灵活运用

不同造园风格具有不同的造园手法。在有限的空间里创造满足不同人群审美需要、生活需要、社交需要的场所,既需要设计师有场地规划的能力,又需灵活运用设计方法,实现空间功能与形式的统一。比如,中国传统的造园手法中包括选址布局、叠石理水、植物配置与建筑设计等。古代造园家强调庭院要从大局入手。首先,在庭院平面图上进行功能分区和流线设计,将园中风景相互连接,避免园中景观陷于散漫、凌乱。因此,每座园林都有一条或若干条观赏路线,使游人在这些路线上看到的风景像一幅连续的画面。其次,根据造园要素的不同,建造技巧也有相应不同。豫园布局设计如图 1-6 所示。

(5)场地调研、临摹抄绘

在条件允许的情况下,可以通过实地考察的方式,走入园中体会园林的文化、尺度、光影、材料等。此外,中外很多经典的园林资料比较完善,在专业网站或著作中都可以找到,可以进行抄绘或临摹练习。手绘和计算机皆可,边画边品味,比仅仅看一眼体会更深刻。如果没有机会进行实地体验,也可以通过卫星图在网上查看。常州嬉戏谷总平面图如图 1-7 所示。

图 1-6　豫园布局设计(图片来源:http://www.baidu.com)　　　　图 1-7　常州嬉戏谷总平面图

(6)了解植物习性、学习配置方法

造园师要对植物的生态习性、形态特征、文化寓意有深入的了解。这样在做设计时才能得心应手。通过实地考察,可以直观地看到不同年龄的植物在不同季节、不同位置的景观效果。随着技术的发展,也可以通过一些植物识别 APP 对身边的植物进行认知,比如"形色 APP"。在游园过程中,可以通过手机拍摄植物,通过 APP 识别植物名称,并记录在手机中,方便查阅。

中国的私家园林师法自然,在植物配置时遵循适地适树的原则,并不追求栽植奇花异草。清初文人徐日久认为园林植物要有三不蓄:"若花木之无长进,若欲人奉承,若高自鼎贵者,俱不蓄。"他主持的园林"多自然,不烦人工。"植物的配置强调最少的养护成本。以水生植物为例,在离水较远处的路旁,植物宜粗,无论形体还是枝叶质感要显得随意,体现野趣。水边植物则要配置得细腻而讲究。不仅如此,池边设计不能千篇一律,应间隔性布置草坡、湖石、挺水植物、沉水植物或具有"疏影横斜"特点的亲水植物。至于水中的浮水植物或漂浮植物要依照植物的特点进行布局,如水面大,则种植荷花,水面小则种植睡莲,荷可满植。因为荷叶挺出水面,观者依然可见水面,而睡莲的叶子由于紧贴水面而必须疏密有致。园林植物配置如图1-8 所示。

图 1-8　园林植物配置(图片来源:http://www.baidu.com)

3. 庭院的概念

庭、庭院或庭园是指建筑物、亭、台、楼、榭等前后左右或被建筑物包围的场所,包括一座建筑的所有附属场地、植被等。从字面看,庭园包含了两个方面的要素:庭、园。它是指具有一定庇护功能的空间,适合人们居住的户外活动、嬉戏场地。庭院类似于园林、花园、院落等,但所表达的含义略有区分。

园林是指在一定的地域运用工程技术和艺术手段,通过改造地形(如筑山、叠石、理水)、种植树木花草、营造建筑和布置园路等途径创作而成的美的自然环境和游憩环境。园林的设计与建造重视山水植物等要素的位置和意义关系。大尺度的风景园林主要是规划场地的使用功能区,包括建筑群、风景区、牧场猎区等。小尺度的花园衔接了建筑的关系,以满足人们的生活需求。按照功能区分,园林包括植物园、动物园、森林公园、城市公园等,其所指的内容更加广泛。应当说,庭院是园林景观的一部分,侧重表达建筑,尤其是私人住宅周边的,有着优美的植物景观的人工户外环境,偏向空间的审美,强调园艺和建筑物的美与和谐。园林如图 1-9 所示。

图 1-9 园林(图片来源:http://www.baidu.com)

院落是中国传统民居的空间类型概念,侧重建筑围合空间的概念,更强调人的使用活动。院落如图 1-10 所示。

图 1-10 院落(图片来源:http://www.baidu.com)

人类的造园活动历史悠久。早期的庭院是人们饲养家畜和种植蔬菜、草药的场所,逐渐发展为贵族阶层和文人知识阶层玩赏品味的场所。随着工业革命的发展和现代社会发展,庭院逐渐转变成为满足公众生活、改善生态环境与环境的系统化的科学与艺术手段。庭院,在不同地区、不同时代承载不同的功能与精神意义。从科学的角度看,庭院不过是数百平方米的或酸性或碱性的土地,覆盖若干种类的乔木、灌木、草坪。有些建筑供人们使用,外部环境可以进行动植物的养殖与种植。从艺术的角度看,庭院是形式与功能的统一,甚至是人们精神的寄托与信仰之所。人们希望在庭院中四季有景可观,感悟生命变化;喜欢在庭院中种植花草瓜果,饲养宠物;期待在庭院的自然环境中,返璞归真,放松身心。花园如图 1-11 所示。

庭院设计是近十年提出的概念。传统中式园林中,庭院景观属于“造园艺术”的一部分,是与文人雅士的诗词歌赋等艺术相似的一种审美意象和建筑技巧。如《园冶》、《说园》、《扬州画舫录》、《长物志》等造园著作,体现古代文人的庭院设计品位和生活情趣。西方国家自工业革命后,城市规划和公众生活的理念逐步发展,庭院设计逐渐从建筑的附属地位中独立出来,形成较为系统和完整的体系。总的来说,理解庭院的概念包含三个方面:一是人的居住停留之所,是功能性的空间;二是供特定的人使用,具有独特鲜明的个性;三是自然的一部分,是具有生命的、不断变化的系统。庭院的侧重点在于建筑布局与规划,以及其中的叠山、理水、植物、小品、铺装等造园要素的组织。

图 1-11　花园(图片来源:http://www.baidu.com)

任务二
庭院设计原则

为保证庭院设计的顺利实施,庭院设计必须遵守以下原则。

1. 人性化原则

心理学家马斯洛认为:"科学必须把注意力投射到对理想的、真正的人,对完美的或永恒的人的关心上来。"因此,人性化空间是能够让人身心愉悦,安全舒适的空间,创造人性化空间已经成为庭院设计最基本原则。庭院设计的人性化原则主要包括两方面内容:一是符合人体工程学的原理,满足人的生理需求;二是符合心理学要求,满足人的心理需求。庭院设计应该以人为本,根据不同的场地性质、不同使用人群的需要,提供给人们安全舒适、尺度宜人的空间环境,既要美观、实用,又必须符合实际,且有可实施性。总之,庭院的功能主要是满足人们的就近休憩,或以静为主,或以动为主。庭院设计的最终目的就是要发挥其有效功能。体现人性化原则的庭院如图 1-12 所示。

图 1-12　体现人性化原则的庭院(图片来源:http://www.baidu.com)

2. 科学性原则

庭院设计必须依据有关工程项目的科学原理和技术要求进行。如在庭院地形改造设计中,设计者必须掌握设计区域的土壤、地形、地貌及气候条件的详细资料。只有这样才会最大限度地避免设计缺陷。又如,在植物造景工程设计时,设计者必须掌握设计区域的气候特点,同时详细掌握各种庭院植物的生物、生态学特性,根据植物对水、光、温度、土壤等因子的不同要求进行合理选配,因地制宜地进行科学设计。体现科学性原则的庭院如图 1-13 所示。

图 1-13　体现科学性原则的庭院(图片来源:http://www.baidu.com)

3. 地域性原则

不同地域环境,有其独特的自然环境和文化遗产,历经多年的发展与演化成为不可抹去的痕迹。庭院设计应当相地适宜,将原有的景观元素有效运用。具体表现为庭院设计元素运用不同层面都立足于地方特色,以塑造具有地域性的独特景观、具有不同人文背景的庭院空间为目标。体现地域性原则的庭院如图 1-14 所示。

图 1-14　体现地域性原则的庭院(图片来源:http://www.baidu.com)

4. 美学原则

庭院空间往往是由多种元素组成的综合体。空间构成元素包括地形、植物、水体、建筑、小品设施等。这些元素有着色彩、材质、造型等多方面的组合关系。要求设计师不仅运用创新思维系统性的构思与设计,而且要遵循美学规律妥善处理各个元素之间的关系,营造具有美感的庭院空间为大众接受。此外,庭院设计应尽可能做到美观,也就是满足庭院总体布局和造景在艺术方面的要求。只有符合人们的审美要求,才能起到美化环境的作用。体现美学原则的庭院如图 1-15 所示。

5. 生态性原则

在全球生态环境问题日益突出、人地关系紧张的总趋势下,庭院设计必须将生态学原理作为景观生态设计的理论基础,将生态性作为衡量庭院设计质量的重要准则。庭院设计的生态性原则是指减少过度开发、发挥自然属性、运用低干预自然的方法实现其自身修复和可持续发展能力。在此基础上,缓解生态问

图 1-15　体现美学原则的庭院（图片来源：http://www.baidu.com）

题,尊重生物多样性,改善人居环境。设计者还应根据业主的经济条件,达到设计方案最佳并尽可能节省开支的目的。体现生态性原则的庭院如图 1-16 所示。

图 1-16　体现生态性原则的庭院（图片来源：http://www.baidu.com）

项 目 小 结

○　　　○　　　○　　　○　　　○

　　通过学习,学生能够掌握庭院设计的含义,明确学习的方向,能够在今后设计实践过程中遵循庭院设计原则进行设计。培养学习庭院设计课程的兴趣,形成良好的设计习惯。

Tingyuan Sheji

项目二
中外造园史

> **内 容 概 述**

本部分主要讲解在不同地域环境背景下,各国的造园思想、造园手法、造园要素、代表作品。从历史的角度梳理园林发展的脉络,探究庭院不同风格的成因,以及现代庭院的发展趋势。

> **教 学 目 标**

了解不同园林风格的成因,掌握不同庭院风格的造园手法与要素,能够在设计实践中,进行准确的风格定位和良好氛围的营造。

> **教 学 重 点**

重点学习不同风格庭院的造园理念、造园手法与造园要素。能够深入思考自然环境、人文因素与历史因素对庭院风格的影响,并能灵活运用设计手法进行设计。

任务一
东方庭院风格演变

庭院设计作为一个专业名词发展历史并不久远,但作为一项社会活动历时已久。从平面布局上看,庭院可以分为自然式与规则式;从地域上看,每个民族都有其独特性会使庭院也有相应的独特性。想要深入了解不同风格流派的庭院,把握现代庭院设计的发展方向,就必须从东方园林、欧洲园林和伊斯兰园林(西方庭院)构成的三大园林体系中追根溯源。东方园林中有代表性的是中式庭院、日式庭院、东南亚式庭院。下面选择性地介绍几种风格的庭院。

1. 意境悠长的中式庭院

(1)传统中式庭院

从造园理念上看,传统中式庭院源于生活、再现自然、追求意境。源于生活是中国古典园林的基本特征,空间上源于生活空间的拓展,由宅第增辟庭院而后发展成园林,即在狭小、局促的空间内满足对自然的向往,内容仍然是家庭日常生活的延续。中国古典园林庭院布局因山就势,灵活布局以植物为重点,一切都以顺应自然的态势发展而造园。中式庭院不是对自然简单的模仿,而是遵循"本于自然,高于自然"原则,利用缩移模拟的手法,将自然美与人文美巧妙结合。意境就是主观的意、情、神和客观的境、景、物相互结合、相互渗透的艺术整体,体现了主观的生命情调和客观场景的融合——情景交融是美的创造。在封闭、局促的空间内创造具有"诗情画意"的咫尺山林。

中式庭院的造园要素包括山石、水景、构筑物、植物等。其中,堆山叠石技艺登峰造极,用石头来巧妙地点缀池岸、平地筑山、独峰构石是传统中式庭院的特色。观赏类置石有湖石、卵石、剑石、黄石四大类,其中对湖石的选择以"瘦、透、皱、漏、丑"为上乘。许多中式庭院中都以置石假山为主,如图2-1和图2-2所示。中国传统园林以皇家园林、私家园林、寺观园林为三大主流园林,通过以下案例可以看到中式园林中的异同之处。

①皇家园林

自秦汉至明清,几乎每个朝代都建造了皇家园林。皇家园林属于帝王所有,古籍中记载的苑、宫苑都归属这个类型。由于政治因素,皇家园林大多在我国北方,其中最具代表性的有北京颐和园、河北承德避暑山庄等。皇家园林的选址布局、形制规格、色彩图形、材料工艺,都体现了严密的封建礼法与等级制度,还反映了各个朝代的科技水平、艺术审美与国力兴衰。

图 2-1 苏州狮子林(图片来源:http://www.nipic.com)

图 2-2 扬州个园(图片来源:自摄)

颐和园是我国保存最完整、最大的皇家园林,也是世界上著名的游览胜地之一。颐和园的面积约 $2900m^2$,其中水面约占四分之三。颐和园平面图如图 2-3 所示。颐和园主要由昆明湖和万寿山两部分组成。昆明湖原名西湖,万寿山原名瓮山。万寿山前山为颐和园的主要景区,如图 2-4 所示。其庭院要素以建筑群体中主要建筑的轴线为中心轴线,两翼对称,退晕布局。南北轴线从长廊中部起,依次为排云门、排云殿、德辉殿、佛香阁等。其中佛香阁如图 2-5 所示。其形体高大、红墙碧瓦、气派宏伟,是全园的中心。

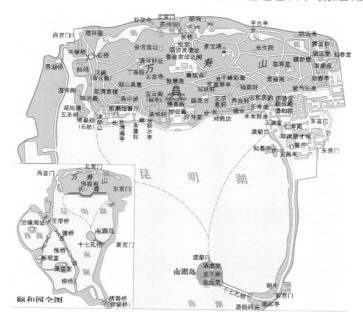
图 2-3 颐和园平面图(图片来源:http://www.sogou.com)

图 2-4 万寿山前山(图片来源:http://www.nipic.com)

图 2-5 佛香阁(图片来源:http://www.zcool.com.cn)

具体言之，皇家园林规模宏大、建筑富丽，具有浓重的皇权象征和寓意。同时广泛吸收江南园林的诗情画意与建造技术，以再现江南园林的主题、仿制或复制名园等。

②私家园林

私家园林在古代称作园、池馆、别业等，大多分布于我国南方，以苏州园林和岭南园林为代表，是官僚、缙绅的私有财产。苏州园林整体格局为前宅后园模式或在宅邸一侧形成的跨院，是供园主人社会交往、游玩居住的场所。从物质层面上看，园林空间蜿蜒曲折、巧于借势，常给人小中见大、步移景异的视觉感受。从精神层面上看，园林中诗情画意无不体现了文人雅士的追求与品位。江南"四大名园"分别是南京瞻园、苏州留园、苏州拙政园（见图2-6）、无锡寄畅园。此外，还有以盐商园林为代表的扬州个园、寄啸山庄。

图2-6　苏州拙政园（图片来源：http://bbs.zol.com.cn）

私家园林讲究移步换景、借景生情，是一种充满诗情画意景观。总体而言，私家园林自然朴素、淡雅精致。拙政园位于苏州城东北隅。全园以水为中心，各式建筑点缀水边，花木繁盛，体现了浓郁的江南水乡特色。造园家在城中闹市通过巧妙构思与造园手法，塑造了一个既尊重自然，又能满足园主人审美与使用要求，还具有地域文化的咫尺山林。

私家园林的空间大多呈封闭型，与园外空间隔绝。为了丰富封闭的小空间，园内空间分成若干个不等的小空间，通过洞门、洞窗、漏窗等元素与渗透的手法，打破空间的限制，达到小中见大的效果。在布局上，私家园林居住区与园林区大多有明显分隔。园林区的建筑物主要为点缀，建筑外形素雅精巧、平中求趣、追求意境。庭院植物选择讲究形态与内涵，如玉堂春富贵、四君子等。玉堂春富贵又指白玉兰、海棠、迎春、牡丹、桂花，四君子是指梅、兰、竹、菊。以四季假山闻名天下的扬州个园，在有限的庭院空间中设计了分明的春、夏、秋、冬四景。园林中的亭，"巧于因借，精于体宜"，《释名》中记载："亭，停也，道路所舍，人停集也。"扬州个园夏山上布置的鹤亭（见图2-7）所示。亭旁一棵郁郁葱葱古圆柏，苍健有力，渲染幽谷山涧气息更为浓郁。壶天自春（见图2-8）所示，作为个园中的主要建筑，取自《个园记》"以其目营心构之所得，不出户而壶天自春，尘马皆息。"

图2-7　鹤亭（图片来源：自摄）

图2-8　壶天自春（图片来源：http://www.nipic.com）

岭南是中国南方五岭之南的概称，其地域主要涉及福建南部、广东全部、广西东部及南部。粤中四大园林，分别指佛山市顺德区的清晖园、佛山市禅城区的梁园、番禺的余荫山房和东莞的可园四座古典园林。传统的岭南园林服务对象以富商文人为主，因此岭南园林总体风格鲜明，文化氛围浓郁、山水雕工奇秀。清代举人邬彬的私家花园余荫山房如图2-9所示。其始建于清代同治三年，占地面积1598m²，是典型的岭南园林风格。余荫山房占地面积及规模较小，是以建筑为主题的私家园林。岭南园林中的建筑十分注重其屋顶形式、屋脊式样和封火山墙的轮廓，十分强调脊饰的艺术造型作用，其脊饰多用灰塑彩描，且建筑色彩较为艳丽，余荫山房建筑中的满洲窗（见图2-10）别有特色。福州三坊七巷内的小黄楼占地3300m²。建筑分布紧凑，园内亭台楼阁、小桥流水特色鲜明，是福州现存最为玲珑秀美的古式花厅庭院。福州小黄楼庭院如图2-

11 所示,福州小黄楼山墙如图 2-12 所示。

图 2-9　番禺余荫山房(图片来源:
http://www.baidu.com)

图 2-10　满洲窗(图片来源:http://www.baidu.com)

图 2-11　福州小黄楼庭院(图片来源:自摄)

图 2-12　福州小黄楼山墙(图片来源:自摄)

③寺观园林

寺观园林主要指佛寺与道观的内部庭院和外部附属的园林环境。封建社会时期,以儒家为正统,儒、释、道互相补充,皇权始终是至高无上的。寺观园林由于受到"丛林制度"影响,建筑形制趋同于宫廷化。山西五台山、杭州灵隐寺都是寺观园林的代表。现存的寺观内部庭院有的以栽培花木闻名于世,有的地处山岳,古木交柯、绿树成荫、配以自溪流形成自然的外部园林环境。山西双林寺门如图 2-13 所示,山西双林寺庭院如图 2-14 所示。道观的营造手法也深受佛寺影响。此外,还有一些非主流园林类型,例如衙署园林(见图 2-15 和图 2-16)、祠堂园林(见图 2-17 和图 2-18)、书院园林等。

图 2-13　山西双林寺门(图片来源:自摄)

图 2-14　山西双林寺庭院(图片来源:自摄)

(2)新中式庭院

"新中式"以内敛沉稳的传统文化为养分,融入现代设计语言,为现代空间注入凝练唯美的中国古典情韵。它不是纯粹的元素堆砌,而是通过对传统文化的认识,将现代元素和传统元素结合在一起,以现代人的审美需求来打造具有传统韵味的庭院,让传统艺术在当今社会得到表现,使用者在欣赏现代美的同时,还能感受到传统文化的神韵。

图 2-15 平遥衙署园林建筑(图片来源:自摄)　　图 2-16 平遥衙署园林景观(图片来源:自摄)

图 2-17 晋祠园林建筑(图片来源:自摄)　　图 2-18 晋祠园林景观(图片来源:自摄)

　　"新中式"庭院通常使用传统的造园手法,提取具有中国传统色彩、图案或符号,搭配植物、水景等元素来塑造具有中国传统神韵的现代庭院空间。"新中式"庭院植物设计区别于中国传统园林植物设计,它的特点在于简洁明朗。"新中式"的设计手法主要有两种:一是复兴传统法,即把传统的建造方式和设计方法坚持下来,特色突出,摒弃一些过于烦琐的细节,如苏州博物馆庭院景观(见图 2-19);二是重新诠释传统法,只是运用传统建造符号达到视觉效果,着重文化和意境上的相似,在表现方法上较为接近后现代主义的手法,如北京奥林匹克下沉花园景观(见图 2-20)。

图 2-19 苏州博物馆庭院景观(图片来源:　　图 2-20 奥林匹克下沉花园景观(图片来源:
　　http://www.photophoto.cn)　　　　　　http://www.baidu.com)

2. 参禅品道的日式庭院

　　日本位于亚洲东部太平洋的岛上。岛国与海洋是日本国土的本质特征。日本园林发展的意象是海洋,许多枯山水的平面就是仿写这一格局。日式庭院的设计往往与建筑空间结合得更为紧密,尺度和材料更为细腻讲究。在庭院创作中一直贯穿着悲哀、凄婉的情绪,景点意境追求自然超越人工,荒凉胜于人气,进而使园林的审美凝固着许多不同的图式和禁忌。不同于中式园林讲究"诗情画意"的美感,日式园林在文化氛围上,不遗余力的表现佛家禅宗的意义。在发展的过程中产生了多种式样的庭院,主要有池泉园、筑山庭、平庭、茶庭、枯山水等。

任务二
西方庭院风格演变

1. 图解君权的法式庭院

法国位于欧洲西部,以平原为主,有少量盆地丘陵。法式庭院富有寄诗情画意于山水之间的浪漫主义审美,在世界园林的历史中可谓东西风格交相辉映的突出代表。法式庭院在借鉴意大利造园思想的同时,结合本国地势平坦的特点,创造了法国勒诺特式园林,对欧洲庭院影响极大。文艺复兴时期的法式庭院主要有城堡花园、城堡庄园和府邸花园三大类,分别以谢农索城堡花园、维兰德里庄园和卢森堡花园为代表。

典型的法式庭院成形于 17 世纪,受到理性主义思潮的影响,是欧洲古典主义美学思想的集中体现。法式庭院设计往往运用古典主义建筑的造型法则,讲究秩序感、比例关系、均衡对称及图案的优美。庭院形式从整体上讲是平面化的几何图形,也就是以宫殿建筑为主体,向外辐射为中轴对称,并按轴线布置喷泉、雕塑。凡尔赛宫由著名造园大师勒诺特尔主持,选用杰出的建筑师、雕塑家、水利工程师共同参与建造,是法国勒诺特式园林的杰出代表。凡尔赛宫园林规划统一完整,平面大三角和十字运河形成轴对称布局体现帝王的权威。国王林荫道两侧的小园林尺度宜人、风格鲜明,是舒适的娱乐休息场所。

图 2-34　凡尔赛宫花园 1(图片来源:http://www.baidu.com)

凡尔赛宫的建造,运用当时最先进的工程技术,堪称奇迹。树木采用行列式栽植,大多整形修剪为圆锥体、四面体、矩形等,形成中心区的大花园。凡尔赛宫花园如图 2-34 和图 2-35 所示。茂密的林地中同样以笔直的道路通向四处,以方便到较远的地方骑马、射猎、泛舟、野游。

图 2-35　凡尔赛宫花园 2(图片来源:http://www.baidu.com)

法式庭院设计的主要特点如下。其一,从造园理念上,园林的形式表现皇权至上的思想。要求地形平坦开阔,不惜人为处理基地。这与中国人讲究"因地制宜"的原则正相反。其二,在园林构图上,府邸居中心的地位,通常建在园林的制高点上,起着控制全园的作用。强调场地布局的轴线关系,对称优于均衡,重视透视原理在庭院视觉效果的体现。整个庭院有最佳观赏点,可以看到画卷般的庭院布局,而不是中式庭院中"步移景异"的动态的欣赏效果。其三,庭院构图还体现专制政体中的等级制度。在贯穿全园的中轴线上,加以重点装饰,成为全园视角中心,最美的花坛、雕像、水池及中布置在中轴线上。此外,讲究设计尺度的模数关系,所有的造型元素都要有数学上的比例关联,以构成和谐的画面,因此树木等也需要修剪。其四,在水景设计上,采用法国平原上常见的湖泊、河流形式、以形成镜面似的水景效果,称作"水镜"。除了形色各异喷泉以外,只在缓坡上做一些跌水庭院。从护城河、水壕沟、水渠到运河,主要展现静态水景,以辽阔、平静、深远的气势取胜。其五,法式庭院植物种植广泛采用阔叶乔木,明显反映四季变化。强调植物的统一性,弱化植物的个性,几乎不注重孤植植物的美感。丛林体现树林的整体形象,甚至树木作为建筑要素,布置成绿色长廊,宛如绿色宫殿一般。

　　法式庭院中最具有特色的元素是模纹花坛(迷宫花园)。模纹花坛多选择鲜明、富丽的矮生、多花性草花或观叶草本植物,在平面上栽种出像精美刺绣一样的花坛,因此,又称为刺绣花坛。在黄杨矮篱组成的图案中,底衬用彩色的砾石或碎砖,富有装饰性。刺绣花坛与强调自然的花境不同,图案都是规则的几何图形。迷宫花园的设计体现法式庭院植物配置理念,用以满足宫廷中游戏娱乐的需求。迷宫花园一般修剪侧柏,黄杨等高灌木与雕塑小品等结合,体现趣味性。迷宫花园如图 2-36 所示。法式庭院常见元素有水池、喷泉、台阶、雕像等。凡尔赛宫花园如图 2-37 所示。

图 2-36　迷宫花园(图片来源:http://www.baidu.com)

图 2-37　凡尔赛宫花园 3(图片来源:http://www.baidu.com)

2. 浪漫牧歌的英式庭院

　　在法国勒诺特式庭院风靡百年之后,18 世纪中叶英国自然风景式庭院成为西方园林艺术领域一场脱胎换骨的革命。英式庭院受到启蒙思想、经验主义思潮、"风景如画"主义绘画、浪漫主义绘画的影响,造园家都竭力提倡自然式风格。从 18 世纪初到 19 世纪的百年间,自然风景庭院成为英式庭院新风尚。英式庭院主张抛弃几何形水体和人工修剪的植物,通过自由流畅的湖岸线、缓缓起伏的丘陵种植乔木和灌木丛为造景手法,重现自然风光。这种审美理想和东方庭院的"因地制宜"以及"场所的精神"理念是不谋而合的,讲究庭院外景物的自然融合,把庭院布置得犹如大自然的一部分。英国皇家植物园如图 2-38 所示。英国邱园(见图 2-39)于 1761 年修建,有中国塔、孔庙、清真寺、亭、桥、假山、岩洞、废墟等"中国元素",标志着中国园林对英国园林的重大影响。无论是曲折多变的道路,还是变化无穷的池岸,都需要天然野趣的图画式花园。英国风景式园林中,园林支配建筑,建筑成为园林的附加景物。英国风景式园林影响了法国、德国、奥地利等国的园林,各国在运用的同时又借鉴了中国园林艺术,形成了一种新的园林风格"英中式园林"。

图 2-38　英国皇家植物园(图片来源:http://www.baidu.com)　　图 2-39　英国邱园(图片来源:http://www.vcg.com)

　　英式庭院的特点如下。其一,具有规范的形式,对观感要求很高。英式庭院强调庭院空间动线设计,从庭院中的一个点到另一个点必须设计合理的路线与景观。简单来说,就是从整个庭院的开始到结束,空间每一处景观都要给观者带来惊喜,专业术语称为 picturesque。其二,庭院总体布局开阔疏朗。由于受到放牧生活方式的影响,英式庭院较少茂密种植植物,通常在大片牧场间杂小片的树丛。此外,英式庭院也具有戏剧性的审美倾向,例如在大片平静的水面与密集的植物搭配旁边种植枯树、点缀一些"废墟"建筑,形成戏剧性的视觉效果。其三,英式庭院具有折中主义的特点。尤其是 18 世纪和 19 世纪出现的英中式庭院,融合中国式、伊斯兰式、土耳其式、印度式、希腊式和罗马式庭院及建筑风格。其四,重视花卉等草本植物的配置,其中"花境"的设计达到了极高的水平。

　　花境(flower border)一般是利用露地宿根花卉、球根花卉及一两年生花卉,以带状自然式栽种。它是根据自然风景中野生花卉自然分散生长的规律,加以艺术提炼,而应用于园林庭院中的一种植物造景方式。因此,花境不但要表现植物个体生长的自然美,而且要展现植物自然组合的群体美。花境布置一般以树丛、绿篱、矮墙或建筑物等作为背景,根据组景的不同特点形成宽窄不一的曲线或直线花带,柔化了道路与绿地、建筑的边缘。花境如图 2-40 所示。

图 2-40　花境(图片来源:http://www.sj33.cn)

　　隐桓又名哈哈墙,是由造园师布里奇曼在斯陀园中设计的。在园地周围布置一道隐垣,使人的视线得以延伸到垣外。当时的贵族骑马靠近时,发现是一道沟渠,就会哈哈一笑,所以又称哈哈墙。因此,英式园林很注重利用地形的起伏变化来达到分隔空间,形成庭院层次,遮蔽不雅物体等设计意图,避免过多人工构筑物来破坏浑然一体的自然式的美景。英式庭院常见元素有藤架、座椅、雕塑。雕塑如图 2-41 所示,庭院小品如图 2-42 所示。

图 2-41　雕塑(图片来源:http://www.sj33.cn)

图 2-42　庭院小品(图片来源:http://www.sj33.cn)

3. 人间戏剧的意式庭院

　　意大利庭院的风格起源于罗马的建筑和园林艺术。在 16 世纪末文艺复兴和巴洛克艺术成熟阶段达到了高峰。最为优秀和典型的意式庭院多是贵族或主教们的度假别墅,坐落在风景优美的度假区,追求休闲的乐趣和审美的体验。意式庭院的风格介于法式和英式花园之间,体现着人工美与自然美的和谐统一,也是托斯卡纳风格或地中海风格的早期借鉴样式。15 世纪的文艺复兴运动,以意大利为中心迅速蔓延到整个欧洲。它以复兴古希腊古罗马文化为名,反对禁欲主义和宗教神学,提倡人文主义思想,促进了科学、文化、艺术的极大发展。文艺复兴时期的意大利庭院类型主要有美第奇式园林、台地式园林和巴洛克式园林。

　　美第奇式庭院流行于文艺复兴初期,庭院依山而建形成多台层空间,各台层相对独立。建筑通常布置在最高台地空间,扩大视野。园中水景塑造灵活,通常与喷泉、雕塑相结合。植物修剪成简洁美观的绿篱,设计在下层台地。美第奇式庭院整体风格质朴大方,极具艺术感。意大利半岛多山地,建筑多依势而建。在文艺复兴中期盛行台地园,意式庭院改造山地的手法是修筑整齐的层级台地(一般而言,最少有 3 级),因此称作台地园。台地园的造园手法首先以山林地为首要选址,规划严谨、轴线明确,各个台地贯穿联系,形成统一整体。其次,拥有发达的理水技术。台地园中充分利用地形高差塑造不同的瀑布、跌水、壁泉、跌水庭院,在最下层汇聚成喷泉水池,体现台地园林对水景艺术造诣颇高。最后,植物配置多利用台地空间布置高低错落的绿墙、绿篱、绿色雕塑等,创造了充满乐趣的立体化绿色园林,比如著名的埃斯特庄园(见图 2-43),位于罗马以东 40 公里的帝沃里小镇上,全园面积 4.5 公顷,园地近似方形,坐落在朝向西北的陡峭山坡上。巴洛克式园林流行于文艺复兴后期。巴洛克有奇异古怪之意,在庭院中表现为夸张的设计手法,丰富繁多的装饰品,运用矩形、曲线元素的创造的庭院节点。植物修剪图案复杂精细,追求变化。

图 2-43　埃斯特庄园(图片来源:http://www.baidu.com)

意式庭院的特点体现在以下几个方面。其一,由于意大利四季气候宜人,户外活动是人们最为重视的,所以花园的设计包含了大部分的居住和社交功能。其二,尤其重视并且擅于创造水景,特别是动态的水景。奔流的水如同花园的血脉,再现了水在自然界的各种形态。罗马时期的遗风,如在水中送餐和酒,垂钓等活动也一并保留下来。其三,庭院的设计讲究构图的完整、图案化,有着不十分明显的轴线关系。其四,在种植上较少使用花卉,用修剪成各种形状的松、柏等常绿植物和灌木造型与庭院周边的丛林形成对比效果。意大利耐修剪的树木很多,最著名的是伞松和笔柏。

绿色剧场是意大利庭院中一个重要的组成部分,多数只有用树木修剪成的不大的舞台,少量也有观众席。一般用紫杉树修剪成天幕、侧幕、演员室、指挥台、题词人掩蔽所等,而舞台则是草地。

石作包括台阶、平台、挡土墙、栏杆、亭子、廊架等,此外还有花盆,雕像。这些要素是建筑向花园的延伸和渗透,也是意式庭院最有特色的元素,有着很强的装饰特点,很多意大利花园的台阶设计极为华丽。

喷泉是意大利庭院最富有特色的元素。喷泉的设计沿袭了罗马时期别墅水景的作用,是消夏祛暑的水池。巴洛克时期的喷泉跟华丽的亭、廊之类的建筑物结合,或者跟雕像结合,建筑性比较强,也有非常自然的设计,将小小的喷嘴隐藏在树根下,草丛或石板之间,处处喷涌,随风轻扬,滋润得满园清凉。意式庭院中对水的处理非常精彩,例如,意大利两个最为著名的水景园,埃斯特别墅的花园以千变万化的喷泉取胜,而兰特庄园(见图 2-44)则表现了水自出山岛入海的全过程中的各种形态。有些喷泉与复杂的装置相结合,形成"水风琴"和冰剧场"隐水风琴使得水流形成气流,让金属管子发声。而水剧场则通常是半环形的建筑物,大多靠着挡土墙,有一列很深的岩洞,内置雕像或一些飞鸟走兽等,还有叫作"机关水嬉"的戏弄游人的恶作剧的水装置。意大利园林常见元素有雕塑、喷泉、台阶水瀑等。

4. 以人为本的斯堪的纳维亚式庭院

斯堪的纳维亚地区包括丹麦、瑞典、芬兰、挪威等北欧国家。由于气候寒冷,北欧的庭院设计重视冬景的效果,尤其是雪景处理。所以,庭院的空间层次和构架布局比较丰富,常绿灌木被精心修剪,花池处理也遵循着严谨的几何关系。岩石园是北欧庭院设计的代表元素,模仿北方海岸的庭院,在富有雕塑感的砾石旁种植成丛的一人高的草本植物,点缀罂粟,或以成片的郁金香衬托,散发着混合着艳丽和荒芜的矛盾魅力。

北欧的庭院设计的风格与法式庭院相似,讲究轴线和对称等古典审美的法则,但也有其独特之处。其

图 2-44　兰特庄园（图片来源：http://www.baidu.com）

一，非常重视人的行为对空间布局和造型设计的影响，强调功能的合理便利。其二，尊重传统，推崇工艺品质，偏爱给人亲切感受的木材、陶土制品，整个空间显得朴素而精致。其三，在审美方面追求简洁，本色质朴感，很少可以装饰，显得卓尔不群，超凡脱俗。装饰物的主题通常是来自生产生活的内容，如植物、动物的图案等，造型和色彩都显得优美、含蓄、冷静（见图 2-45）。北欧庭院大多是白色或浅木色调，对彩色的应用比较谨慎，可能与气候与日照较少有关（见图 2-46）。

图 2-45　北欧庭院 1（图片来源：http://huaban.com）

图 2-46　北欧庭院 2(图片来源:http://huaban.com)

5. 天堂之园的伊斯兰式庭院

伊斯兰庭院属于规则式庭院,以古巴比伦和古波斯庭院为渊源。十字形庭院为其典型布局方式,封闭建筑与特殊节水灌溉系统相结合,富有精美建筑图案和装饰色彩的阿拉伯庭院。伊斯兰庭院地域分布广,以幼发拉底、底格利斯两河流域及美索不达米亚平原为中心,以阿拉伯世界为范围,对世界各国造园风格有很大影响,尤以西班牙、印度中世纪园林最为著名。伊斯兰庭院的造园思想都是以《古兰经》中的"天园"为造园的蓝本,描绘安拉和他的信徒们安逸幸福的天堂。在审美方面,波斯人认为客体世界有"它自己的规律",追求单纯而精确的几何图形和鲜艳纯净的色彩,极少描摹自然界动物植物形象,更鲜有人物主题,建筑呈现一种纯粹、克制、淳朴而精致的美(见图 2-47)。阿拉伯人习惯席地而坐,静态地欣赏美景,很少在庭院中信步游玩,所以伊斯兰庭院空间布局比较简单,种植茂密,营造亲切而静谧的感受(见图 2-48)。

图 2-47　阿尔罕布拉宫(图片来源:　　　　　图 2-48　阿尔罕布拉宫林达哈拉内院(图片来源:
　　　　http://www.baidu.com)　　　　　　　　https://www.archigh.com/)

西班牙伊斯兰庭院建筑受罗马人影响,将斜坡开辟成多层台地,四周高墙围合形成封闭型空间。庭院内部水景设计为交叉或者平行的运河、水渠等,道路尽端设置凉亭。墙面上也有开有漏窗,与中国庭院有异曲同工之妙。园路用彩色马赛克或石子铺就,组成华丽多彩的装饰性图案。植物多选芳香型植物,种植攀

缘植物攀爬园中构筑物形成阴凉场所。西班牙代表作阿尔罕布拉宫(见图 2-49 和图 2-50)。

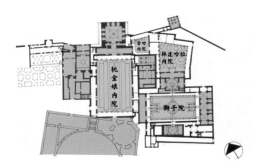

图 2-49　阿尔罕布拉宫庭院平面(图片来源:https://www.archigh.com/)

图 2-50　阿尔罕布拉宫庭院(图片来源:https://www.archigh.com/)

印度莫卧儿王朝积极与外国交流,形成印度、阿拉伯和波斯各种文化交融的现象。这一时期的印度建筑,完美反映了印度教和伊斯兰风格之间的相互影响。16 世纪和 17 世纪产生风格鲜明的印度伊斯兰建筑形式,穆斯林风格的球状圆顶、尖塔与传统印度建筑水平线条和精致装饰相结合。

图 2-51　泰姬陵(图片来源:
http://www.baidu.com)

伊斯兰庭院具有非常纯粹的造园思想和形态特质,具有很强的识别性。最典型的特征就是由水、乳、酒、蜜四条河构成十字形的水系贯穿整个庭院,中央有一个喷泉,泉水由地下引来,流向四个方向。被水渠分割的四块花圃,往往用下沉式植床种植精心修剪的树木和地毯式的花带,以此减少蒸发,节省十分珍贵的水源。从装饰特征来看,彩色陶瓷马赛克图案得到广泛应用,衍生出千变万化的优美形式。伊斯兰风格的庭院受地域影响体现出不同特质,如西班牙的阿尔罕布拉庭院、桃金娘中庭、狮庭和格内拉里弗的花园设计体现了欧洲罗马风格的影响与融合,而印度伊斯兰庭院,以泰姬陵为代表,是莫卧儿王朝帝王为爱妻修建的陵墓(见图 2-51)。建筑主体在庭院北段端,庭院完整呈现在建筑之前。红石铺砌的十字形甬道,将庭院划分四个部分。甬道中间是十字形水渠,中心设立喷泉,四周下沉式花圃绿树成荫,展现了更为纯净和细腻的气质。方角圆边水池是阿拉伯花园里最有特征的因素,由方形和圆形组合形成八个角的造型,象征着七层地狱之外的第八世界——天园。

6.秩序体验的德式庭院

德国的庭院设计充满了理性主义的色彩,人为痕迹重,突出线条和设计,思辨精神和严谨而有秩序(见图 2-52)。按各种需求、功能以理性分析、逻辑秩序进行设计,庭院简约,反映清晰的观念和思考。简洁的几何线形,体块的对比,按照既定的原则推导演绎。它不可能产生热烈、自由、随意的景象,而表现出严密的逻辑,清晰的观念,深沉、内向、静穆。自然的元素被看成几何的片断组合,自然与人工的冲突给人强烈的印象。德国的庭院设计常见元素有雕塑、植物、水景等(见图2-53)。

图 2-52   无忧宫(图片来源:http://www.baidu.com)

图 2-53   德国庭院元素(图片来源:http://www.baidu.com)

7. 休闲舒适的地中海式庭院

一座成功的地中海式庭院是两方面因素的结合。其一是不加修饰的天然风格,其二是对色彩、形状的细微感受,总体是不规则风格,庭院中的每一个元素都在表达悠闲和纯朴的生活方式(见图2-54)。地中海式庭院总能在人们的脑海中唤起鲜明的意象,如雪白的墙壁、铺满瓷砖的庭院、喷泉、从棚架和梯级平台上悬垂下来的葡萄藤等。室内和室外的分界线被有意地模糊了,大的露天餐厅、花架、阳伞是园内的最常见的要素。水也是必不可少的要素。深蓝色的泳池、鲜红的花表现出地中海式庭院的强烈对比色彩。地中海式庭院常见元素:餐桌陶罐、美食(见图2-55)。地中海式庭院的特点为线条分明、讲究对称、运用色彩来对视觉形成冲击,使人感到雍容华贵,富有浪漫主义色彩。

8. 自然生态的美式庭院

美国在殖民初期,欧洲各国移民将各自的民族文化与美国自然环境结合,创造出具有各个民族特色的居住环境。一般由果园、蔬菜园及药草园组成,园内及建筑周围点缀着花卉和装饰性的灌木,称为早期殖民式庭院。美国独立后,庭院在借鉴英国自然式园林风格基础上,结合本国自然环境,形成美国特色的园林风格,涌现很多杰出的造园家。美国造园之父奥姆斯特德设计的纽约中央公园,主张利用原有地貌与植物,运用当地材料,将公园各种活动与设施融合于自然之中,满足广大城市居民的休憩娱乐要求(见图2-56)。总体而言,美国造园注重个人住宅或都市公共庭院,追求宜人的自然环境,为公众身心健康而营造良好环境。

图 2-54　地中海式庭院(图片来源：http://bbs.zhulong.com/)

图 2-55　地中海式庭院元素(图片来源：http://www.baidu.com)

　　将自然引进城市,使人们获得健康快乐的生态园林。美国国家公园以保护自然动植物群落、特殊自然庭院和特色地质地貌的生态环境保护工程为主要目的,修建了黄石国家公园(见图 2-57)。黄石国家公园开创了世界国家公园的先河,不论其产生的背景、内容还是功能,都是有别于欧洲园林,在世界范围内,有着十分重要的影响。

图 2-56　中央公园(图片来源：http://www.baidu.com)

图 2-57　黄石国家公园（图片来源：http://www.baidu.com）

任务三
现 代 风 格

1. 维多利亚风格

维多利亚风格是 19 世纪英国维多利亚女王在位期间，形成的艺术复古风格。它重新诠释了古典的意义，扬弃机械理性的美学，在形式上糅杂了各种带有异国情调和宫廷气质的装饰。维多利亚风格的庭院设计喜欢种植名贵珍奇的外来草本植物，如华菱草、醉鱼草、日本银莲花等，点缀以精致的艺术小品或写实的雕塑，总体风格是华丽、烦琐、细腻，也常被批评为是矫揉造作的风格（见图 2-58 和图 2-59）。维多利亚时代的人们对秩序和色彩的调配怀有强烈的喜好。庭院用花草来营造一种色调不一的地毯效果，并构造各种各样独特的图案和花样。上釉烧制的瓷砖是维多利亚时代典型的铺地材料，尤其常用于门廊和游廊。拱门、烟囱和精制的植物架也是维多利亚风格庭院常见的构造。通常，在规则式药园或玫瑰园的中央还会摆设一个日晷。

图 2-58　庭院植物（图片来源：http://www.baidu.com）

2. 新艺术运动风格

新艺术运动风格的庭院设计提倡简单朴实，在装饰上崇尚自然主义和东方艺术，反对华而不实的维多利亚风格。设计追求曲线风格特点，尤其是花卉图案和富有韵律的互相缠绕的曲线，具有优美浪漫的气质。典型的案例是高迪设计的巴塞罗那居埃尔公园，带有塑性建筑的灵动线条和装饰风格的绚烂马赛克镶嵌如图 2-60 和图 2-61 所示。

图 2-59　庭院元素(图片来源:http://www.baidu.com)

图 2-60　居埃尔公园 1(图片来源:http://www.baidu.com)

3. 现当代风格

　　1938 年英国设计师唐纳德在《现代庭院中的园林》提出了现代庭院设计三要素:功能、移情和艺术。概括了现代主义庭院设计的风格特征。强调功能布局使得庭院设计更为合理和方便;移情的理念源于对东方庭院的理解,摆脱了古典庭院中的对称形式,发展出流动空间等多视点的布局模式;受现代艺术影响,庭院更加重视多重感官全方位的体验,分析平面、色彩、空间构成的规律,摒弃装饰性的图案和具象雕塑等,偏向于更为抽象、纯粹、简洁、本质的造型和色彩。典型代表作有阿尔瓦·阿尔托设计的玛丽亚花园别墅设计(见图 2-62 和图 2-63)。托马斯·丘奇设计的"加州花园"等。这个阶段有很多建筑师从空间的角度重新审视花园庭院设计,例如,柯布西耶、赖特、格罗皮乌斯、路易斯·巴拉干等,涌现了一大批职业的庭院建筑师,

图 2-61　居埃尔公园 2(图片来源:http://www.baidu.com)

如英国的唐纳德、杰里科、美国的奥姆斯特德、艾克博、丹·克雷、佐佐木英夫、劳伦斯·哈普林等。这一时期,庭院建筑(包括庭院设计)从庞大的建筑体系中独立出来,形成了新的专业与职业。

图 2-62　玛丽亚别墅 1(图片来源:http://bbs.zhulong.com/)

图 2-63　玛丽亚别墅 2(图片来源:http://bbs.zhulong.com/)

与现代主义建筑相似,现代主义风格的庭院根植于现代设计的三大构成理论的基础之上,融合绘画中立体派、抽象主义、大地艺术、表现主义和超现实主义等艺术领域的观念,呈现前所未有的自由和创新,使得庭院不仅是经济生产和贵族享乐的场所,而且是现代城市生活中人们表达自我的艺术创作形式之一。

4. 概念花园

由于土地私有制和对理想居所的追求,花园设计是西方庭院设计界一个永恒的活跃领域。事实上很多西方庭院设计大师都从事过并钟爱庭院设计的项目。近年受到生态主义、解构主义思潮以及大地艺术、信息互动技术等影响,庭院设计的理念呈现多元的实验性质,被称作"概念花园"。越来越频繁的展会交流和世界竞赛等活动推动了概念花园理念的传播。概念花园如图 2-64 至图 2-67 所示。

概念花园的设计没有固定的模式,可以从一个具体的灵感出发,表达一个特定的主题或者观念。概念花园的设计和施工并不是针对实际的人的使用功能,而是把花园当作一种艺术创作,以装置、观念、影像甚

至行为艺术的形式,表达庭院设计师对自然与社会的理解。如图 2-68 所示是玛莎施瓦茨设计的面包圈花园。

图 2-64　雨滴花园(图片来源:自摄)

图 2-65　墨西哥花园(图片来源:自摄)

图 2-66　蝶变花园(图片来源:自摄)

图 2-67　"一带一路"概念花园(图片来源:自摄)

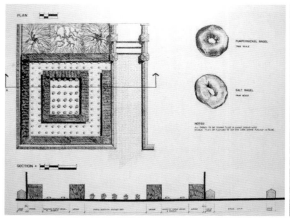

图 2-68　面包圈花园(图片来源:http://bbs.zhulong.com/)

项目小结

○　　　○　　　○　　　○　　　○

　　通过本项目的学习,掌握世界上东方庭院、欧洲庭院和伊斯兰庭院三大庭院体系源起与发展,形成系统的理论知识脉络。在追溯庭院发展史的基础上,掌握三大庭院体系中具有代表性的中式、日式、东南亚式、英式、法式、意式和伊斯兰式等庭院设计风格、设计思想、构成要素以及细部处理的特征。

Tingyuan Sheji

项目三
庭院设计原理与要素

> **内 容 概 述**

　　本部分主要讲解庭院设计的原理和要素。设计原理是庭院设计应该遵循的基本规律,设计要素包括构成要素和其他要素。本项目分别讲解各个要素的含义、类型、功能与设计要点等。

> **教 学 目 标**

　　学生在遵循设计原理的基础上,掌握庭院构成要素的类型、功能与设计要点。在设计过程中,根据不同庭院的场地条件与设计要求,选择合适的元素,灵活运用设计方法进行设计。

> **教 学 重 点**

　　重点学习庭院设计要素,在遵循设计原理基础上,通过设计实践,营造符合设计要求、满足人们社会交往和心理需求的庭院环境。

任务一
庭院设计原理

　　设计原理存在于庭院设计、建筑设计、工业设计等设计领域及其他相关领域。学习设计原理的目的在于为设计建立视觉与美学的导向,缺少设计原理的方案通常会显得杂乱无章。

　　设计项目中如果妥当运用设计原理,则会传达一种情理之中的美感。成功的庭院设计需要熟练地综合运用设计原理。主要的设计原理包括秩序、统一、韵律、比例与尺度,以及空间的限定等。

1. 秩序

　　如果把设计方案比作一棵大树,秩序就是树干与树枝的结构。虽然我们看到的是由美丽树叶所包裹着的优美树形,但实际上是树干和树枝限定了树的整体,而树叶只是加强了这种结构。秩序不仅是指几何规律性,而且是指一种状态,即整体与部分、部分与部分之间的关系。将这种关系妥当处理,就会产生和谐的结果。在一种设计主题或风格的前提下,设计作品可以通过四种方法建立秩序:轴线、对称、非对称和群组。

　　(1)轴线

　　轴线是空间组合中最基本的方法。它是由空间中的两点连成的一条线,以此线为轴,可采用规则或不规则的形式设计空间。虽然我们需要用意识中的"眼睛"才能发现轴线,但它却是"强有力的存在",如图 3-1 所示。费恩花园是一个典型的波斯式庭院,至今已有约五百年历史,中间有一个大大的院子,四周被圆塔包围,空间轴线明显。在庭院设计中,结束轴线的方式多种多样,可以是一座构筑物、一座雕塑、一座假山形成的视觉焦点,也可以是一面景墙、一扇景门或一个开敞空间。

　　(2)对称

　　对称是指在轴线两侧或者围绕中心,均衡地布置相同的形式与空间图案。简言之,就是在轴线的一边出现的形式会在另一边镜像重复。对称又分为两侧对称和放射对称两种,其目的在于创造一种均衡感,如图 3-2 所示。

　　(3)非对称

　　与对称布局相比,不对称的均衡往往令人感到自然随意。另外,非对称的设计布局不像对称设计那样仅有一个或两个主要观赏点,而是有数个观赏点,每一种透视效果都不同。因此,非对称的设计更具动感,通过它可以发现有趣的区域或空间节点,如图 3-3 所示。

图 3-1　费恩花园中的轴线(图片来源:http://www.ctrip.com/)

图 3-2　两侧对称、放射对称景观(图片来源:http://www.baidu.com)

图 3-3　非对称景观(图片来源:http://www.gooood.cn/)

（4）群组

在对称或不对称的构图中,都可以运用群组原理建立秩序感。群组就是将成组的设计元素放在一起。设计元素,比如铺装、景墙、栅栏、植物等都应该成群组布置以产生秩序感。虽然这个原理适用于所有的设计元素,但是与植物的组织关系更密切。当设计元素集中在一起成为可识别群体,基本的秩序感就会建立起来。将相似的元素组合在一起,能够建立强烈的秩序感。在植物设计中,相同品种的植物组合在一起,会形成丰富的视觉效果。植物的群组如图 3-4 所示。

图 3-4 植物的群组(图片来源:http://www.gooood.cn/)

2. 统一

秩序原理主要用于建立庭院的系统性。统一原理则为庭院塑造出整体感。统一原理是考虑所有设计元素的形状大小、色彩肌理如何与环境中其他元素协调统一。因此,庭院设计整体感的塑造主要建立在主导与等级、重复、联系三个原则以及三者之间相互协调的基础上。

(1)主导与等级

在庭院设计实践过程中,由于受到甲方需求、主次功能、设计决策和文化背景的影响,空间设计存在不同的等级和差别。就像故事的高潮部分,音乐会的指挥一样,庭院设计也需要主导元素。主导元素作为庭院视觉的焦点能够吸引人们的视线,建立具有统一感的空间,可以由一个或一组元素构成。如果庭院空间中没有主导元素,游人的路线与视线会变得游离。主导元素没有固定的形式,可以是一座艺术感强的雕塑、一潭平静的水、一棵古银杏或是一种现代装置(见图3-5)。此外,庭院设计中虽然会有多个主导元素,但要适量布置,否则空间会显得凌乱。扬州个园中的四季假山的布置,采用不同的石材与园林建筑、植物、水景进行组景,使人们在游览庭院的过程中能分别被春山、夏山、秋山和冬山所吸引,主导与等级体现得淋漓尽致(见图3-6)。

图 3-5 不同的主导元素(图片来源:http://www.gooood.cn/)

图 3-6 个园的组景(图片来源:自摄)

（2）重复

重复则是在一个庭院设计作品中反复运用相同或相似的元素（见图3-7）。庭院设计应该寻求统一与变化之间的平衡，即有些元素重复以求统一，有些元素具有变化以维持视觉多样性。重复原则在场地设计中有以下几种方法。第一，根据空间大小适当选用材料和元素的种类，不宜过多。比如同一空间，应该只有一种或两种铺地材料，过多的铺装会使得空间琐碎。第二，同一个空间内，应该合理配置植物种类，避免单纯罗列植物。第三，庭院的立面应该适当使用重复原则。当眼睛在不同的位置看到重复元素，会产生视觉连贯性，有利于塑造空间的统一性。

图3-7 不同元素的重复（图片来源：http://www.gooood.cn/）

（3）联系

联系是将不同元素连接在一起的方式。成功的联系有助于产生视觉的连贯性。在庭院设计中，创造联系的关键也是具有连接性质的元素。比如草坪、栅栏、平台等都可以作为有效的连接元素。如图3-8所示的儿童游乐场所，一处是以草坪为承载，将各种游乐活动相互联系形成开放性的空间；另一处以景观墙为联系方式，儿童游乐空间形成内向的围合关系。

图3-8 不同联系的方式（图片来源：http://www.gooood.cn/）

3. 韵律

韵律原理的特点是主题或者元素以规则或不规则的方式间隔式、图案化地重复，从而使静止元素通过韵律产生动感，如图3-9所示。这种动感可能是我们的眼睛追随空间中重复元素的结果，也可能是穿过具有重复特点的空间序列的结果。无论是视觉还是体验，韵律都体现了重复出现的基本意图，使之成为组合庭院空间的一种方式。

秩序和统一强调设计整体与部分的关系，韵律则强调元素的时间和运动。当人们在园林空间中游走，通常会像拍照片一样，将一些图像储存在脑海中。这些图像的时间间隔赋予了设计动态变幻的特质。这跟音乐的韵律相似，音乐中的节拍是表示固定单位时值和强弱规律的组织形式。节拍很容易被人所认知，它让音乐流动，并产生时间的间隔。因此在韵律不仅和空间有关，而且和时间有关。

（1）音节重复

在统一原理中，重复可以是静态的、不考虑节奏的。而韵律中的重复类似音乐的音符，以一个有节奏韵律的形式从一个元素转移到另一个元素。在场地设计中，音节重复原理可以运用在不同的造园要素上，比如植物、栅栏、墙体等，元素之间的间隔决定韵律呈现的特点与速度，如图3-10所示。

图 3-9　充满韵律感的元素（图片来源：http://www.gooood.cn/）

图 3-10　音节重复（图片来源：http://www.gooood.cn/）

（2）交替

交替是在一个图形网格上，按照某种规律替换图形中的某些元素。基于交替原理产生空间韵律，比基于重复产生的韵律更具有变化。铺装中的硬质材料与植物运用交替原理构成的空间，产生缓和的效果，如图 3-11 所示。

图 3-11　交替（图片来源：http://www.gooood.cn/）

（3）渐变

渐变是在重复序列中逐渐改变一个或多个特点而产生的。在一个有韵律的序列，重复元素的尺寸、色彩和肌理，随着序列的发展而逐渐变化。无论是形状的增大、缩小、扭曲，还是材质色彩的渐变，都能够产生强烈的视觉效果，但不会造成不连贯的视觉关系。如图 3-12 所示，渐变原理在建筑表面的运用，无论是菱形还是矩形都创造节奏感。

4. 比例与尺度

比例是指部分与部分、部分与整体之间的和谐关系，尺度则是指物体之间的尺寸关系。这些关系不仅表现在体积上，而且表现在主次、数量的关系上。在设计作品中，人们对比例和尺度的感知不像数学那样准确严谨，因为透视、距离、文化背景都会造成感知的偏差。因此，比例与尺度提供的是一种将各设计要素归于统一比例的美学方法。比例可以增强视觉统一性和连续性，形成具有秩序感的空间序列。这一点在希腊

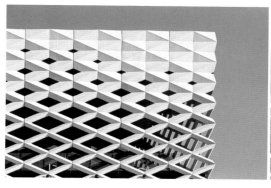

图 3-12　渐变(图片来源:http://www.gooood.cn/)

神庙和伊斯兰庭院中尤为突出,如图 3-13 和图 3-14 所示在历史进程中,有许多关于完美比例的理论,如黄金分割比、古典柱式、人体比例等。在庭院设计中不能生搬硬套这些理论,否则容易弄巧成拙。

图 3-13　希腊神庙(图片来源:http://www.baidu.com)　　图 3-14　伊斯兰庭院(图片来源:http://www.baidu.com)

5. 空间的限定

空间给人们场所感,人们在空间里可以开展各种活动,可以观察自然、嗅到芳香、听到鸟鸣。但是空间没有固定的形态,并且限定空间的形式和元素丰富多样。空间中的构图形式、比例尺度、景观特征都依赖于人们的感知。当空间开始被物质要素构成的时候,庭院作品就产生了,如图 3-15 所示。空间与空间联结方式主要有四种形式:空间内的空间、穿插式空间、邻接式空间以及由公共空间连起来的空间。在四种形式中,运用最多的就是穿插式空间。穿插式空间由两个空间重叠部分构成共享区域,又保持两个空间各自特有的界限。

图 3-15　空间的限定(图片来源:http://www.gooood.cn/)

任务二
庭院构成要素

空间的比例和尺度、建筑表面的材质和肌理、植物的类型和位置、铺地的形态和色彩等之间的关系是决定环境质量的重要因素。在庭院设计过程中需要赋予空间以特定的品质,创造一种自然而然的视觉舒适感。而在视觉空间中,最为突出的是构成空间的庭院元素。它们的不同组合创造丰富的空间层次。

自古以来造园内容包括堆山、理水、植物配置、建筑营造等,如图 3-16 所示。具体来讲,庭院构成要素主要分为自然要素和物质要素。自然要素可归纳为地形、水体、植物等。物质要素包括铺装、山石、建筑等。庭院设计者常用各种构成元素来表达他们的设计理念,使观者通过品位、触摸、聆听甚至思索去感受空间中的自然性、文化性、地域性等。

图 3-16　造园内容

随着人们对环境的重视,各国从 20 世纪 60 年代就开始了生态庭院的研究和探索。庭院作为一项可以改良环境、创造环境的活动,对环境的优化意义重大,我们更应该仔细、透彻地研究庭院的各个组成要素。

1. 自然要素

庭院设计的自然要素是指地形、水体、植物等具有自然属性的要素。庭院设计师应该对场地现有的自然要素进行充分的调研,在设计过程中尊重自然要素并充分利用,比如依山就势减少土方量,适地适树选择优良乡土树种,以最少的干预发挥最大的生态效益,营造符合地域自然环境特点且功能合理的庭院环境。

（1）地形

地形是地貌的近义词,指地球表面三维空间的起伏变化。其中,地表起伏称为地势或者地貌。在形态上,地形可分为山地、高原、平原、丘陵和盆地五种类型。在庭院中,地形主要指地势的起伏变化,构成了庭院的基本骨架,是庭院设计中的基础因素。地形直接联系其他环境因素,影响某一区域的美学特征、空间构成和空间感受,还影响庭院功能布局以及排水、小气候和土地的使用。因此,在庭院设计元素中,地形是首先要熟悉的概念。《园冶》中就主张巧妙利用地形,适应自然,"园基不拘方向,地势自有高低;涉门成趣,得景随形,或傍山林,欲通河沼。""相地合宜,构园得体。"地形设计处理是否得当,是创造优美庭院的关键,也是庭院设计师的基本技能。

①功能

地形在庭院设计中具有限定空间、控制视线、塑造庭院、改善生态等实用功能,地形表面丰富的材质、肌理和容易塑造的特性,又赋予其美学特征。在设计过程中,将实用功能与美学功能妥善利用,能够给人带来安全舒适的使用空间和充满艺术气息的视觉享受。

a. 限定空间

在自然界中,天然地形本身就已形成空间,比如山顶部的开敞空间,如图 3-17 所示;山谷间相对的封闭空间,如图 3-18 所示;一小片水面可以形成空间围合的核心空间,如图 3-19 所示。庭院是一种视觉的空间艺术。庭院设计正是对既定的空间进行营造,从而在有限的园林空间中创造出无限的艺术体验。对庭院空间,可起到限定作用的元素很多,任何实物都可以对空间进行覆盖,或是作为空间的边界。在任何一个限定的空间内,其封闭程度依赖于视野区域的大小、坡度和天际线,一般视阈在水平视线的上夹角 40°～60°到水平视线的下夹角 20°的范围内,当谷地面积、坡度和天际线三个可变因素比例达到或超过 45°(长和高为 1∶1),则视阈达到完全封闭的状态,形成封闭感(见图 3-20)。还可以在底面范围保持不变的情况下,再用坡度变化和地平轮廓线变化,使空间呈现不同的限定状态(见图 3-21)。

图 3-17　浙江覆厄山顶(自摄)

图 3-18　宏村南沼水面(自摄)

图 3-19　浙江覆厄山谷(自摄)

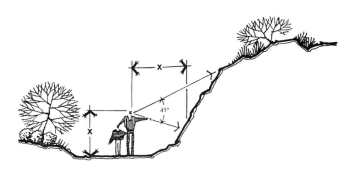
图 3-20　视阈达到 45°空间形成封闭感(图片来源:《风景园林设计要素》诺曼·K.布思)

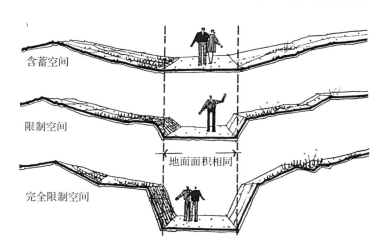

含蓄空间

限制空间

地面面积相同

完全限制空间

图 3-21　空间不同限定状态(图片来源:《风景园林设计要素》诺曼·K.布思)

　　b.控制视线

　　地形高差可以控制人们的视线,主要有以下几种做法:一是增加地形垂直面的高度达到障景、遮挡等不利因素;二是将地形斜坡作为最佳展示面,将展示物放置其上,增强展示效果;三是增高两侧垂直面,围合成半封闭空间,布置视觉焦点;四是将斜坡设计为台地空间,即连续缓坡与平台结合的方式,形成运动的、有明确视线指向性的空间。人们利用地形高差控制视线的方式有很多,可以根据具体设计需要塑造多样化的空间,使空间开合有序。

庭院设计通过利用地形起伏形成的开与合、藏与露的效果,可以使庭院景观逐步呈现,或遮挡园中的 "不悦物",如图 3-22 所示。在设计中,为了塑造视觉焦点,我们可以抬高视线两侧地形形成视野屏障,引导人们视线集中,如图 3-23 所示。运用斜坡展示景物,边坡上的目标同时会被位于谷地中较低地面的人所看到,如图 3-24 所示。庭院空间序列塑造依然离不开地形,地形对景物的藏与露,也被称作"断续观察"。利用地形建立新社会间序列如图 3-25 所示。

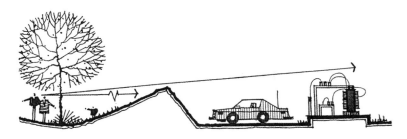

图 3-22　利用山丘遮挡"不悦物"(图片来源:《风景园林设计要素》诺曼·K.布思)

图 3-23　利用地形集中视线(图片来源:《风景园林设计要素》诺曼·K.布思)

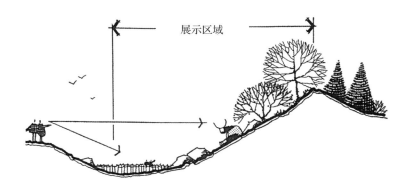

图 3-24　利用斜面展示景观(图片来源:《风景园林设计要素》诺曼·K.布思)

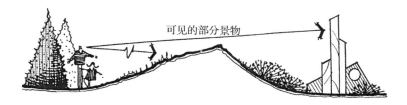

图 3-25　利用地形建立空间序列(图片来源:《风景园林设计要素》诺曼·K.布思)

c. 塑造庭院

地形作为构成庭院的基本骨架,是建筑、植物、山石、水体等元素的背景。如北京濠濮涧一组建筑就是依山而建,建筑随着山体高低错落,如图 3-26 所示。处理地形与景物之间的关系,需仔细推敲景物的方向、体量、色彩、质感、造型等内容,通过视距的控制保证景物和地形背景之间有较好的构图关系,实现与环境的协调。在地形处理中,尽可能地综合利用不同的地形地貌,形成峰峦、崖壁、洞窟、湖池、溪涧、草原、田野等丰富的地形庭院。这些地形各有特点,峰峦雄伟壮丽,湖池淡泊清远,而溪涧则生动活泼、灵巧多趣。

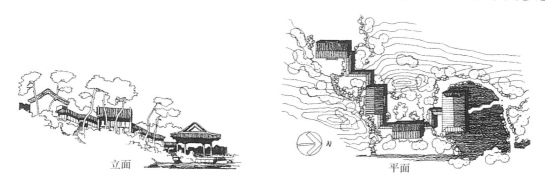

立面　　　　　　　　　　　　平面

图 3-26　地形塑造庭院(图片来源:《景观艺术学——景观要素与艺术原理》汤晓敏　王云)

d. 改善生态

地形可以改善小气候和植物的种植条件,影响区域光照、温度、风速和湿度等,提供阴、阳、缓、陡等多样性环境,从而改善生态。从采光方面来说,比如利用南坡长时间的日照,合理布置庭院布局,使该功能区在冬季有充足光照,保持宜人的温度。在光照较少的北,种植喜阴植物。从利用风向而言,土壤必须堆积在场所中面向冬季寒风一侧,用于防风。反之,地形可以用来引导夏季风,使其穿过两个高地之间形成的谷地或洼地空间,形成山谷风,如图 3-27 所示。在大陆性温带地区,西北坡在冬季完全暴露在寒风之中,而东南坡在冬季几乎不受风的吹袭,如图 3-28 所示。同时,地形还具有自然排水功能,形成干湿不同的环境,对调节小气候、营造更佳的观赏环境起到非常重要的作用。

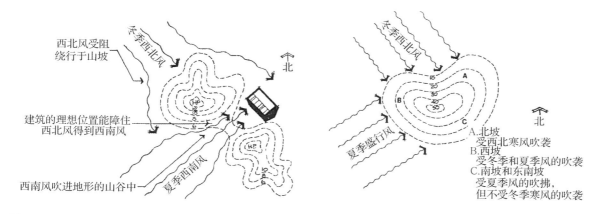

图 3-27　地形引导夏季西南风(图片来源:《景观艺术学》)　图 3-28　温带地区风向图(图片来源:《景观艺术学》)

② 类型

在规则式庭院中,地形一般表现为不同标高的地坪、层次;在自然式庭院中,则根据地形的起伏,可分为高原、山地、丘陵、平原、盆地等。在这里主要介绍平坦地形、凸地形和凹地形的特征与塑造。

a. 平坦地形

平坦地形是指地表有轻微起伏或没有起伏的地形。从空间性质上看,平坦地形开敞性强、私密性弱,需要依靠地形变化和其他要素才能营造私密空间。水平方向的庭院要素和平坦地形能够协调统一,垂直方向

的庭院要素由于突出的视觉效果与之形成对比,如图 3-29 和图 3-30 所示。此外,平坦地形最适合布置抽象几何形、晶体形和标准模式图形,如图 3-31 所示。在建设过程中,常把现有地形进行平整,从而塑造出宽阔、平坦的地形,便于绿化设计、施工以及植物的管养。场地内的道路规划也不受地形的限制,其中的景物基点都处于同一个水平面上,在视觉上给人以强烈的连续性和统一性。相对而言,平地庭院缺乏趣味性,处理不好容易单调。设计趣味的产生依赖于空间与空间、物体与空间及物体与物体之间的关系,需通过各种手段提高、强化构筑物本身的特点。

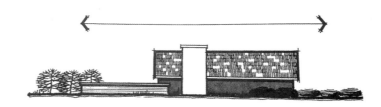

图 3-29 水平形状与地形相协调(图片来源:《风景园林设计要素》诺曼·K.布思)

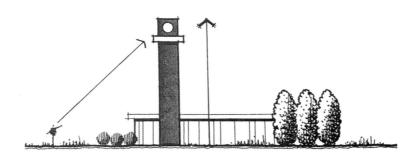

图 3-30 垂直形状与地形相对比(图片来源:《风景园林设计要素》诺曼·K.布思)

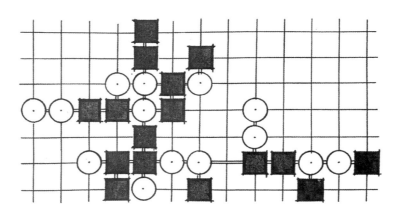

图 3-31 水平地形有利于各种图形的布局(图片来源:《风景园林设计要素》诺曼·K.布思)

b. 凸地形

凸地形是一种向上突起的地形,可以营造动态、向上的空间感,如图 3-32 所示。很多宗教性建筑布置在凸地形上,给人强烈的视觉吸引力,如西方园林的圣坛神庙、东方园林的佛塔等。在凸地形的制高点布置庭院要素,不仅能够强化庭院焦点,而且可以成为人们眺望的最佳视野。凸地形中最常见的是坡地,有利于形成动态的布局形式,即坡度的明显变化。通过台阶、眺台及挑台的运用,自然坡度的变化得以强化和夸张,也为庭院空间增加了趣味性,还提供外向性视野,如图 3-33 所示。坡地还具有良好的排水功能,有建筑物的地方,来自上游的地下水和地表径流一般需要拦截和改道,但可让其从悬空的建筑物底部通过。斜坡可以创造多样化水景,比如瀑布、跌水、喷泉、涓流和水幕等。

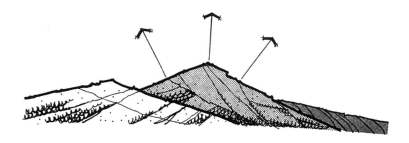

图 3-32　凸地形作为景观焦点(图片来源:《风景园林设计要素》诺曼·K.布思)

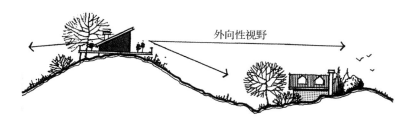

图 3-33　凸地形提供外向性视野(图片来源:《风景园林设计要素》诺曼·K.布思)

c.凹地形

凹地形空间具有凝聚力和内向性,作为一个具体的活动空间,对人的行为具有限定性,给人私密、封闭的心理感受,并提供向内和向上视线,如图 3-34 和图 3-35 所示。凹地形空间开敞度取决于地形边缘的坡度,坡度越陡空间封闭度越高,坡度越缓空间开敞度越高。凹地形常见形式有岫和洞,《说文》中写道:"岫,山穴也。"岫是不通的浅穴,位于山岩或水边,由水冲击岩石而形成,所以这类山洞内壁光滑。洞较岫更深,上下曲折,可贯通山腹,有的内部形成洞穴系统,如扬州个园夏山就是设计的洞穴,人们可以穿梭其中。凹地形设计关键在于因地制宜、就地取材,追求自然雅趣。

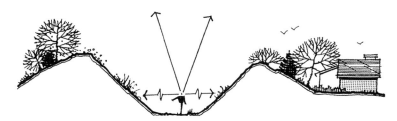

图 3-34　凹地形塑造封闭空间(图片来源:《风景园林设计要素》诺曼·K.布思)

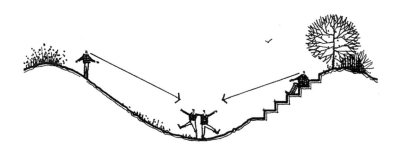

图 3-35　凹地形提供向内视线(图片来源:《风景园林设计要素》诺曼·K.布思)

③设计要点

庭院设计与施工要以分析自然地形特征为基础,或是自然和人工两者和谐统一,或是创造一座人工庭院。无论何种情况,都要掌握地形的表现方式和设计方法。

a. 表现方式

等高线法：用等高线表示地形的方法。它是以一个水平面为参照，用一系列等距离假想的水平面切割地形后，所获得交线的水平正投影图来表示地形，如图 3-36 所示。根据平面图作出地形剖面图的步骤，如图 3-37 所示。

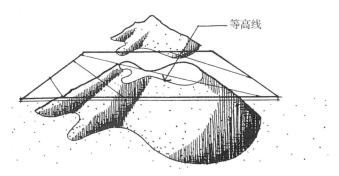

由平面从水平方向切断地形而在平面上所形成的线叫等高线

图 3-36　等高线示意图（图片来源：《风景园林设计要素》）　图 3-37　根据平面地形作出剖面图（图片来源：书籍）

明暗与色彩表现法：明暗调和色彩表示地形的方法。明暗调和色彩最常用在"海拔地形图"上，以不同的色彩与浓淡表示不同高度，如图 3-38 所示。每一个独立明暗调或色彩在海拔地形图上，表示一个地区其地面高度介于两个已知高度之间。

高程标注法：需要表示地形图中某些特殊的地形点时，用十字号或圆点标记这些点，并在旁边注明该点到参照面高程的方法。高程标注写到小数点后第二位，这些点常处于等高线之间，如图 3-39 所示。

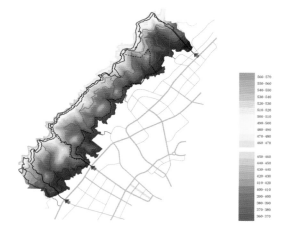

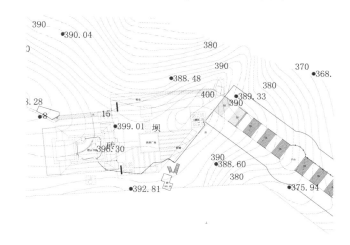

图 3-38　明暗与色彩表现法（图片来源：自绘）　　　图 3-39　高程标注法（图片来源：自绘）

除了上述方法之外，我们还可以用计算机软件建模或手工制作模型来表现地形，如图 3-40 和图 3-41 所示。通过裁剪、叠加几张沿等高线有精确厚度的板材制作成地形，还可以用塑山泥按实际山体形状通过比例来模拟地形，可以清楚地表现场地的构造，有利于景观的设计。

b. 设计方法

庭院中的地形设计，可以顺应地形加以利用，也可以适当修整或改造地形。在改造过程中，应该避免产生太大的土方量，注意土方平衡。大规模地改造地形，不仅破坏了自然与人工的和谐关系，而且增加了人力和资源的投入。主要可采取以下手法来设计。

强化：高起地形的内在自然特征可以被强化。随着地形高度和坡度的改变，可以强化地形原本突出的特点，比如在凸地形顶端布置造园要素，凸地形本身焦点特征也被强化，如图 3-42 所示。

图 3-40　软件建模(图片来源:自绘)　　　　图 3-41　手工模型制作(图片来源:黄紫月)

图 3-42　强化地形(图片来源:https://www.gooood.cn/)

协调:自然式庭院处于相对静态平衡关系之中,主要是自然气候、土壤环境、植物和其他自然元素综合的表现。在进行庭院设计时,需要综合地考虑地形环境,使其他造园要素与地形相融合,成为一个有机的整体。比如设计自然风格的庭院,要对地形、水景、植被以及比例尺度有全面的考虑,如图 3-43 所示。

图 3-43　协调(图片来源:https://www.gooood.cn/)

对比:一个物体的形状、颜色和结构可以通过对比得到加强。把对比元素引入庭院,可以加强和丰富空间的视觉效果,在平坦地形中设立垂直元素,形成对比效果,如图 3-44 所示。

在庭院设计中,设计者既需要借鉴前人对地形处理的经验总结,又要科学地分析地形本身具有的美学特征和生态价值,以及在限定空间、控制视线方面的作用,从而因地制宜地处理地形。

(2)水体

水体是庭院设计一个重要的自然要素。由于水景形态多样、水声丰富,可以为人们提供视觉、触觉、听觉等多重体验,还可以装点空间、营造氛围。因此,在中外园林或现代庭院设计中,水景都被广泛地使用。水体根据其自身形态和周围环境,可以表现为湖泊、河流、池塘、瀑布、潭、溪涧、喷泉、跌水、壁泉等形式。其

图 3-44　对比(图片来源:https://www.gooood.cn/)

状态可以是静态的,也可以是动态的,如图 3-45 和图 3-46 所示。

图 3-45　扬州瘦西湖(图片来源:自摄)　　　图 3-46　宜兴竹海(图片来源:自摄)

①功能

水体在空间设计与布局中有着重要的作用,除了视觉上的美感以外,还有很多实用功能,比如调节小气候、烘托庭院、增强趣味性、强化焦点作用、提供消耗、灌溉土地等。

a. 调节小气候

水是生命之源,同时对调节小气候起到重要作用。无论是自然环境还是人工环境里,潮湿的空气和在水生植物,都会使极端的环境得到缓解。水体可以增加空气湿度、降低温度、调节通风,还兼具消防用水的功能。此外,水体还起到防尘、减噪、净化空气的作用。

图 3-47　宜兴竹海(图片来源:自摄)

b. 烘托庭院

平静的水面像一面镜子,在庭院设计时,可以运用大面积的静水起到镜面的反射效果,将周围环境收纳其中。静水扩大和丰富空间、烘托庭院,就如朱熹诗中所写"半亩方塘一鉴开,天光云影共徘徊。"宜兴竹海水面满盈而平静,映射出千变万化的天空,给人心旷神怡的心理感受,如图 3-47 所示。水面如果浅而暗,就能反映附近的日光照射下的物体。水面有平远开阔,也有细小曲折。

c. 增强趣味性

人们喜欢亲近水,在自然环境中,有水的地方也常常吸引人们驻足观赏、休闲娱乐。人们喜欢近距离地与水接触,儿童喜欢在较浅的水中嬉戏,如图 3-48 所示,成人喜欢在广阔的水域划船或垂钓。在设计上,还可利用新技术、新材料来营造趣味水景。比如利用数字多媒体技术,结合音乐、灯光的变化,设计音乐喷泉。人们视觉上有新的享受,同时增添庭院的互动性与趣味性,如图 3-49 所示。

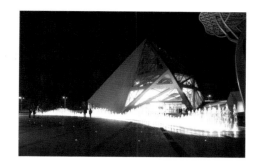

图 3-48　互动水景(图片来源:https://www.gooood.cn/)　　　　图 3-49　深圳欢乐海岸水景(图片来源:自摄)

d. 强化焦点作用

由于水的独特魅力,能够刺激人们的感官,并且在空间中起到视觉焦点的作用,常常被设计在核心区域,赋予环境独特的品质。动态水景的有水墙、跌水、瀑布、喷泉等,通过水的流动形态和声音来吸引人的注意力。城市中的喷泉景观通常与当地历史文化结合,形成视觉焦点,比如杭州西湖主题喷泉,如图 3-50 所示。在庭院设计中,处理好水体的位置、比例与尺度的关系,将其安排在轴线、视觉焦点,则能够充分发挥水体的焦点作用,形成空间中心。扬州瘦西湖春江花月夜景观节点,则是以水为主要布景元素,结合扬州地区特有的文化故事,吸引观众视线,如图 3-51 所示。

图 3-50　杭州西湖喷泉(图片来源:https://www.baidu.com/)　　　图 3-51　扬州春江花月夜(图片来源:自摄)

e. 提供消耗

水可以提供人们和动植物的消耗,无论是在东方园林的猎苑、寺观,还是干旱少雨的西亚园林,水早已成为人们和动植物的必需供给。由于消耗功能在现代庭院设计中不作为主要功能,容易被设计师忽视,但引水、排水、净水、蓄水的方式是不容忽视的前提。

f. 灌溉土地

喷灌是装置喷头系统,喷洒水来浇灌植物,是庭院中灌溉土地最常用的方式。这种方法需要永久性在地下埋有管道系统。渠灌较为简单,但被灌溉区域必须有一定的坡度自流。滴灌是在地面或地下安置灌水装置,使水滴滴在地面上,缓慢持续地灌溉植物。

②类型

当水被运用于庭院设计时,根据水的来源不同,可分为自然水景、人工水景和混合式水景。根据水体状态可分为静态水景和动态水景。

a. 按来源分类

自然水景:一般称为自然式布局,是将因地制宜的自然庭院呈现给游人的水景。在庭院设计中可以优先利用自然水景,根据整体需求,加以修整或改造。这样最能够反映大自然的魅力,深受人们的喜爱,比如宜兴竹海的山间细流,贯穿林地顺势而下,最终汇入河流,如图 3-52 所示。

人工水景:通过人工开垦、挖掘、砌筑而形成的水景,平面多为规则的几何形,如圆形、方形、六角形、矩形等。人工水景有水池、喷泉、水渠、跌水等,一般布置在规则式园林、城市广场、公园、居住区等城市开放空间中。规则式水体包括对称式水体和不对称式水体,南宁园博园中"山水园"景观中水体的运用,具有不对称的视觉效果,如图 3-53 所示。在庭院中,一般使用小尺度的水面,设计成栽培水生植物的水池,塑造成"荷花池""睡莲池""金鱼池"等。

图 3-52　宜兴竹海山间溪流(图片来源:自摄)　　　　图 3-53　南宁园博园"山水间"(图片来源:
https://www.gooood.cn/)

混合式水景:将前两种水景形式融合,既充分利用原有的自然水体,又恰当地结合人工设计。如人工开凿的仿自然湖泊池沼、溪涧泉瀑等,具有自然形态,其轮廓形状随地形而变化,因形就势,轮廓柔美,具有良好的观赏性。自然式园林中通常采用这类水体,如中国传统园林中的留园、拙政园等,如图 3-54 所示。

图 3-54　传统园林中的水景观(图片来源:https://www.baidu.com/)

b. 按水流形态分类

静态水景:主要突出静水之美,是指水体不流动或流动相对缓慢,水面比较平静,利用大面积的水面营造"明镜止水"的效果。静态水景主要包括湖泊、潭、塘等,给人恬静安逸的感受。水景周围景物倒映在水中,体现虚实结合的静谧,并能丰富庭院层次,扩大庭院的视觉空间,如图 3-55 所示。

流动水体:水体根据地形,沿地表斜面流动,其动态效果受地形和水量的变化而变化。流动水体常呈现狭长的水体形式,被用来划分庭院空间,如河流、小溪等。这种形式可以活跃环境的气氛,有利于营造欢快活泼、灵动的空间环境,给人以明朗欢快的感受。

跌落水体:以高度差造成水流垂直落下,形成的水景。自然界的瀑布气势磅礴,具有坠落之美,同时给人聆听、观赏、遐想的感受。人工跌水是利用天然或构筑物的高程,顺其自然的流淌,强调水体层次或朦胧美。瀑布形式有自由落水瀑布、叠落瀑布、滑落瀑布,如图 3-56 所示。自由落水瀑布是瀑布由一个高度到另一个高度,中间没有任何间断,瀑布样式取决于水流、流速、高差以及瀑布边口的情况。叠落瀑布是在瀑布的高低层中设置障碍物,使瀑布产生短暂停留或间隔,具有节奏感。滑落瀑布是将流水在设计的坡度上流动,水量较少时,水体表面湿润,在阳光照射下闪闪发光。

图 3-55　碧湖市民生态公园（图片来源：https://www.gooood.cn/）

图 3-56　不同形态的瀑布（图片来源：https://www.baidu.com/）

喷出水体：水在压力的作用下，向外喷射形成。随着技术的发展，喷水的形式也变得丰富起来，如喷泉、涌泉、喷雾等，如图 3-57 所示。喷泉主要有单射流喷泉、喷雾式喷泉、充气泉、造型式喷泉等几种类型。单射流喷泉是最简单的一种喷泉，清晰的水柱通过单管喷头喷出。喷雾式喷泉有许多细小雾状水和气通过许多小孔喷头喷出，形成雾状喷泉。充气泉喷泉孔径很大，水混合空气一同喷压产生水花效果。造型式喷泉是各类喷泉通过一定造型组合而形成的喷泉，水景层次较为丰富。水体流动、跌落、喷出产生的声音，给人以声形兼备的观景体验。因此，水体在现代庭院设计中得到广泛应用，是最受青睐的设计元素之一。

图 3-57　不同形态的喷泉（图片来源：https://www.gooood.cn/）

③表现方式

在方案上绘制水景时,方法主要有以下几种方式,可以根据设计需要灵活选择,如图 3-58 所示。同时,不同形态的水,表现方法也不一样,如图 3-59 和图 3-60 所示。

线条法:用工具或徒手排列的平行线条表示水面的方法。

等深线法:用等深线表示表示不规则的水面的方法。在靠近岸线的水面中,依岸线的曲折作两三根曲线,这种类似等高线的闭合曲线成为等深线。

平涂法:用水彩或墨水平涂表示水面的方法。

添景物法:利用与水面相关的元素表示水面的方法。水面相关元素有水生植物、水上活动工具、码头驳岸等。

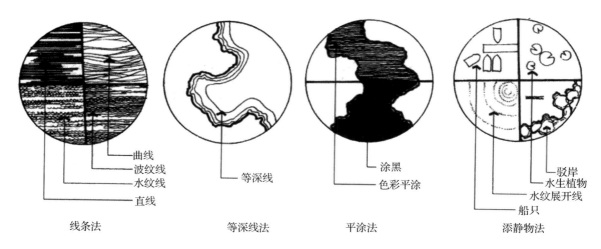

图 3-58　水的表现方法

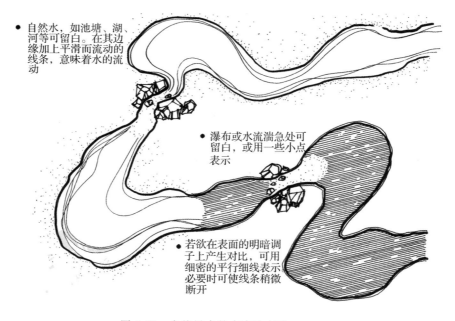

图 3-59　自然界中的水表达方法

④设计方法

a.借鉴经验

中国园林水景设计历史悠久,历代造园家创作出各种精妙的水景作品,对启发后世设计具有重要意义。

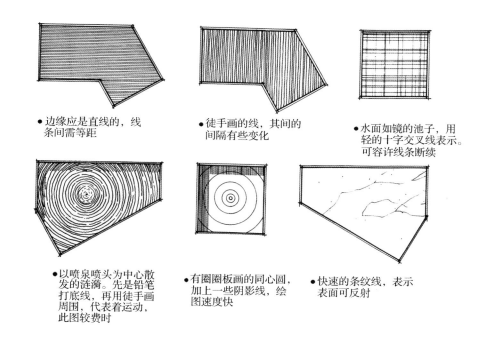

- 边缘应是直线的，线条间需等距
- 徒手画的线，其间的间隔有些变化
- 水面如镜的池子，用轻的十字交叉线表示。可容许线条断续
- 以喷泉喷头为中心散发的涟漪。先是铅笔打底线，再用徒手画周围，代表着运动，此图较费时
- 有圈圈板画的同心圆，加上一些阴影线，绘图速度快
- 快速的条纹线，表示表面可反射

图 3-60　水池和喷泉的表达方法

其主要可借鉴的经验有：顺应自然、返璞归真、随曲合方、景以镜出、尺度宜人、比例适当、堆岛围堤、丰富层次、水有急缓、动静结合、主次分明、自成体系、山水相依等。我们在水体设计中要懂得借鉴前人的经验。

b. 因地制宜

世界各地区、各民族都有不同的特点，因此进行水体设计时不能生搬硬套，需要了解当地的实际情况，挖掘当地文化传统，利用当地资源，设计出能反映地域文化特征的水景。

c. 协调环境

水体设计的基本原则是要带给人美的享受,感受水景的魅力并得到身心的愉悦与放松。

《园冶》记载:"疏水若为无尽,断处通桥。"讲的是合理利用水体可以增强景深和空间层次感。水体不仅可以彰显自己,而且起到衬托作用。在进行庭院设计时,应该先确定空间的主题,然后合理运用水体与其他造园要素相协调,如图3-61所示。

图 3-61　水体协调空间环境（图片来源:https://www.gooood.cn/）

d. 可持续性

水景设计过程中,还要考虑后期管养费用。如果管养费用过高,水景则会由于疏于打理,滋生细菌、空间闲置成为庭院中的消极因素,且污染环境。因此水景设计应该考虑其可持续性,尽量做到节能、节水、绿色生态,既可以降低管养成本,又可以美化环境。

e. 注重水际

水体的驳岸设计应该注重节奏有序。为更有效地利用周围地面,池塘和湖泊应先沿直线挖掘,然后做曲线或转角处理,使水体流畅。同时,在湖岸任意一点都不应看到全部水面,湖岸线应有几处隐藏,以增加情趣,使观察者可以发挥想象,这样水体的吸引力增加了,表现力也增强了。

水体是庭院设计中最具有变化的要素之一,也是庭院造景的重要组成部分,与园路、建筑、植物一起构成了庭院中的水文化。水的自然形态影响着人工水景的设计,要遵循因地制宜的原则,根据空间功能需要,选择恰当的水体形式,从而获得良好的景观效果。

（3）植物

在庭院环境营造中,合理的植物配置是庭院绿地设计成功与否的关键,也是创造庭院不同意境的主要元素。选择植物时,既要注意植物的自然生态习性,又要注意植物个体美与群体美的不同效果,才能构成多样化的观赏空间,达到预期的庭院效果。

① 功能

a. 美化环境

植物本身就是一道风景,植物的美化作用是其他元素无可替代的。植物是生命体,所以它所表现的是"静中有动"的时空变化,是表现庭院四维时空的重要元素。"静"是指相对稳定的生长位置与静态形象,如图 3-62 所示。"动"则包括两个方面:一是当植物受到外部环境的影响,比如在风中摇曳生姿、在光中落下的影子朦胧变幻;二是植物体不断生长变化,如图 3-63 所示。植物按照自然生长的规律,形成"春花、夏叶、秋实、冬枝"的四季景象。这种随自然规律而"动"的景色,是植物所特有的景致所在。

植物作为庭院一个重要的设计元素,与园路、节点、边界及其他元素之间形成密切的联系。它既可以作为主景,又可以作为其他要素的配景,形成整体的庭院空间结构,使空间层次更加丰富、清晰。庭院中的植物配置,要结合经济性、生态性、文化性等内容,扩大植物的内涵和外延,充分发挥其综合功能。

图 3-62　植物静态造景

图 3-63　植物动态造景(图片来源:https://www.gooood.cn/)

b. 塑造空间

庭院植物配置可以构成空间,主要是利用植物在地面、立面和顶面形成暗示性或实体的围合。植物不同种类、不同高度以及所处的位置,可以灵活的构成不同的空间类型,以此塑造开敞空间、半开敞空间、覆盖空间、完全封闭空间、垂直空间等。

比如开敞空间,利用低矮的灌木及地被植物作为空间限制因素。形成四周开敞,完全暴露于天空和阳光之下的空间,如图 3-64 所示。半开敞空间,空间中一面或多面受到较高植物的封闭,限制视线的穿透,如图 3-65 所示。覆盖空间,利用具有浓密树冠的遮阴树,构成顶部覆盖、四周开敞的空间,如图 3-66 所示。完全封闭空间,四周均被中小型植物封闭,常见于森林中,具有极强的隔离感,如图 3-67 所示。垂直空间,运用高而细的植物构成一个方向直立、朝天开敞的室外空间,如图 3-68 所示。

c. 改善生态

植物对于改善气候、吸附粉尘、降低噪音、保护物种等生态环境方面发挥重要作用。植物也是创造宜人的空间、实现节约型园林最直接且经济的手段。植物能够改善庭院中的环境质量,还可以构成生态防护体系,保护城市环境和生态系统。比如世界各地的植物园,城市公共绿地等,除了改善环境以外,还可起到科普作用(见图 3-69 和图 3-70)。

图 3-64　开敞空间

图 3-65　半开敞空间

图 3-66　覆盖空间

图 3-67　完全封闭空间(图片来源:
https://www.gooood.cn/)

图 3-68　垂直空间(图片来源:
https://www.gooood.cn/)

图 3-69　南非开普敦国家植物园(图片来源:
https://www.baidu.com/)

图 3-70　上海静安公园(图片来源:自摄)

d. 美学功能

植物美学功能主要是指其具有完善统一、强调识别、软化空间的作用。其一,植物的块面特点,能够改变构筑物孤立、零散的关系,延伸构筑物的轮廓线并与周围环境相融合,整合为统一连贯的景象。其二,植物还可以灵活的连接空间中的不同元素,形成完整的功能区域。其三,为了突出景观的视觉焦点,还可以借助植物色彩、质感和大小作为背景,以实现强调与衬托作用。其四,景观空间中的硬质元素,如铺装、建筑等离不开植物的柔和与软化,从而营造充满人情味、生机盎然的空间。传统中式园林运用植物进行点景、框景、借景的手法精湛独到,一些植物还蕴含特殊的美好寓意,如图 3-71 所示。

②类型

在自然界中,植物的类型多样、形态各异,大小不一。为庭院选择植物的时候,形态是一个重要的考虑

图 3-71　植物点景（图片来源：https://www.gooood.cn/）

因素。因此,设计师常常运用各种形态的植物来吸引人的注意力(见图 3-72)。植物形态不同,植物的性状和结构也不相同,常见形态有球形、方形、椭圆形、悬垂形、圆锥形等。设计者可根据庭院植物配置需求,充分利用植物特有的形态,或强调个体美,或追求群体美,或与假山、水体、构筑物等其他元素一起组景。此外,也可利用不同花卉进行造型,营造一种特有的氛围。如海南呀诺达广场,为了营造春季盎然的气氛,设置立体花卉造型。庭院的庭院设计常用植物有以下几类。

图 3-72　各类植物图示(图片来源：https://www.baidu.com/)

a. 乔木

乔木是指有明显单一树干,分枝点高,树体高大,通常是达到 3m 的植物。乔木是庭院营造的骨干材料,其形体高大、枝叶繁茂、生长周期长且效果突出。在庭院设计阶段,应仔细考虑乔木的运用,为空间增添更多的美感和价值。常用于庭院栽植的乔木有雪松、云杉、银杏、木棉、广玉兰、白桦等。乔木依靠其自身外形和枝叶纹理来营造庭院,因此在设计时应将其特点绘制清楚,平面图与立面图相对应(见图 3-73 和图 3-74)。

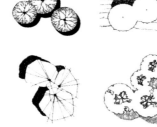

图 3-73　乔木平面图画法

图 3-74　平面和立面图对应

b. 灌木

灌木是指无明显主干,矮小而丛生的木本植物。灌木在植物配置属于中间层次,连接低层地被和高层乔木。灌木具有可塑性强、搭配灵活的特点,既可以丰富植物层次,又可以作为表现的重点进行塑造。这类植物拥有芳香的花朵、美丽诱人的果实、质感丰富的叶形、千姿百态的茎干、最具艺术表现力,可供全年观赏。按照观赏性质分类,观花灌木有木槿、蜡梅、芙蓉、栀子等;观果灌木有南天竹、火棘、小叶女贞等;观叶灌木有卫矛、南天竹、紫叶小檗等;观干灌木有红端木、棣棠、连翘等。在庭院设计中,花廊、花门、池畔通常布置牡丹、蔷薇、绣线菊等花灌木增色添彩。常用于庭院的灌木有大叶黄杨、蜡梅、牡丹、玫瑰等。灌木的造景原理与乔木相似,通常修剪规整的灌木可以用轮廓、分枝或枝叶型表示,不规则形状的灌木平面宜用轮廓型和质感型表示,表示时以植栽范围为准(见图3-75)。

　　c.地被及草本植物

　　地被是指具有一定观赏价值,覆盖于大面积裸露平地或坡地的株丛密集、低矮型植物。地被植物经过简单的管理,就可以覆盖在地表,起到防止水土流失、吸附尘土、净化空气等作用,并具有一定的观赏和经济价值。草坪属于地被,是由人工种植或养护管理,有美化观赏作用或为人们提供休闲娱乐活动的场所。按照草坪使用功能的不同,可以将其划分为观赏草坪、游憩草坪、体育草坪、林下草坪等。草本植物的茎含木质细胞少、较柔软,常见的有菊花、凤仙等。

　　地被或草坪在方案中表示方法常用打点法、小短线法和线段排列法。打点法是较简单一种表示方法。画草坪时所打的点的大小应基本一致,无论疏密,点都要打得相对均匀。小短线法,线条排列成行,每行之间的间距相近且排列整齐的可用来表示草坪,排列不规整的用来表示草地或管理粗放的草坪。线段排列法是最常用的方法,要求线段排列整齐,行间有断断续续的重叠,也可稍许留些空白或行间留白。另外可用斜线排列表示草坪,排列方式可规则也可随意(见图3-76)。

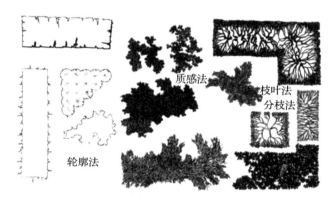

图3-75　灌木平面画法

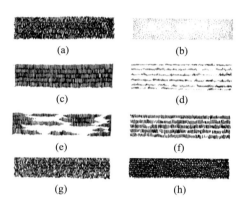

(a)　(b)　(c)　(d)　(e)　(f)　(g)　(h)

图3-76　草坪平面画法

　　d.藤本植物

　　藤本植物又名攀缘植物,是指茎蔓细长、不能直立生长,只能依附在其他物体向上生长的植物。景观栽植的方式有绿廊式、墙面式、篱垣式、立柱式,主要用于狭小绿化和垂直绿化。藤本植物可植于墙面、山石、篱垣等旁边,形成立体的绿化效果。根据茎质地的不同可分为木质藤本与藤本草质,常见的藤本植物有紫藤、野蔷薇、牵牛花、凌霄等,既能美化环境,又起到分隔空间的作用,加之纤弱飘逸、婀娜多姿的形态,能够软化景观中硬质的界面从而带来无限生机。

　　e.水生植物

　　水生植物是指生长在水中、沼泽或岸边潮湿地带的植物。它对水体具有净化作用,并能使水面变得生动活泼,增强水景的美感。常见的水生植物有荷花、菖蒲、水杉、菱角等,如图3-77所示。

　　f.花卉

　　花卉是具有观赏价值的草本植物,包括一两年生花卉、宿根花卉、球根花卉、水生花卉、兰科花卉等。一年生花卉,指的是播种、开花、死亡在一年内进行,如百日草、凤仙花、紫罗兰等。两年生花卉,指的是第一年生长,第二年开花、结实,在炎夏到来时死亡。露地宿根花卉有菊花、芍药、蜀葵等,是指地下部分的形态正常,不发生变态现象,以根或地下茎的形式越冬,地上部分表现出一年生或多年生性状的露地花卉。球根花卉是指植株地下部分的根或茎发生变态,肥大呈球状或块状的多年生草本植物,如仙客来、花叶芋、大丽花等。水生花卉有荷花、睡莲、千屈菜,兰科花卉如建兰、春兰、卡特兰、兜兰等。花卉种类丰富、色彩缤纷、花期易控制,够营造欢快活泼的环境主题和氛围,尤其适合节庆装点和主题花园设计,起到画龙点睛的作用(见图3-78)。

59

图 3-77　水生植物（图片来源：https://www.baidu.com/）

图 3-78　花卉（图片来源：https://www.gooood.cn/）

③设计原则

植物不仅能起到视觉净化或者装饰门面的作用,而且对提高场地的特色也有很大的帮助。植物的选择和布局可以用来框定庭院的结构,可以用于强调或者隐藏其他场地特征,可以用于引导人们通行,创造室外空间,提供舒适环境或者改变场地的大小与环境。

a. 因地制宜

植物配置,必须考虑环境条件,因地制宜地选择相应的植物种类,形成充满活力的庭院空间。植物属于有机的生命体,每一种植物对于生长环境要求不同。因此,在植物配植时,要考虑植物本身的生态需求,满足它们所需的空气、温度、光线、土壤、水分等(见图 3-79)。

图 3-79　新加坡海滨公园植物(图片来源：https://www.gooood.cn/)

b. 注重功能

庭院中的植物配植应该考虑绿地功能,在需要遮阴乘凉的地方,可以配植高大的乔木;在空间需要分隔、美化的地方,可以选择具有观赏性的灌木,如图 3-80 所示;在需要保持空间开敞性的地方,可以选择地被植物;在需要开展集体活动的空旷地面,可以种植多年生耐践踏的草坪。

图 3-80　植物配置应注重功能(图片来源:https://www.gooood.cn/)

c. 突显艺术性

庭院的植物配置不仅要有实用功能,而且应该达到一定的艺术效果。通过植物障景、借景等手法,实现空间的开合变化,体现庭院的意境,这也是传统中式园林中常用的手法。将植物造景与其他造园元素有机结合,可以实现植物的生态效应,还可以提升庭院整体的艺术性与人文性。如果植物配置合理,还可以将原本混乱的建筑群改造成清新舒适的环境(见图 3-81)。

图 3-81　庭院配置植物(图片来源:https://www.gooood.cn/)

d. 考虑经济性

随着城市的发展,对庭院绿化的要求也日益提高,绿地的建设和维护费用也相对增加。在进行植物配置时,应该尽可能地保留现有植被,设计方案应该将构筑物、铺装、山石等协调地布置在自然植被之间。这样可以保证庭院空间的连续性,同时植物的种植与养护费用在很大程度上得以降低。再适当配植一些本土树种或经济作物,庭院绿地空间会更加丰富有层次感,实现经济性和生态性的有机结合(见图 3-82)。

e. 色彩组合

植物本身色彩丰富,是主要的视觉设计元素。通过不同植物色彩的搭配,给游人自然美或人工美,并在一定程度上影响了游人的情绪和情感,创造出特定的气氛(见图 3-83)。

图 3-82　庭院植物配置(图片来源：　　　　图 3-83　植物色彩组合(图片来源：
　　　　https://www.gooood.cn/)　　　　　　　　https://www.baidu.com/)

④设计要点

庭院植物配置过程中,不仅要考虑植物种类、配置关系从而营造空间构图、色彩与意境,而且要与其他景观元素组合构成美好的景致。植物按照配置方法主要分为对植、列植、孤植、丛植、群植。

a. 对植

对植是指大致相等数量的树木,按明显的轴线对称配置。多运用于庭院道路两侧、建筑入口,常用的植物有雪松、侧柏、冬青等。在规则式种植中,对植一般选择冠幅相近、姿态相似、色彩接近的树种,有利于营造整齐、肃穆的环境氛围。在自然式种植中,对植不要求绝对对称,但要在种类、形态、大小中形成均衡的感觉(见图 3-84 和图 3-85)。

图 3-84　对植 1(图片来源：　　　　　　图 3-85　对植 2(图片来源：
　　　　https://www.baidu.com/)　　　　　　　　https://www.baidu.com/)

b. 列植

列植(见图 3-86)是指树木成行或成带的种植,像庭院中的行道树、绿篱或作为衬托景物的绿墙大多归属此类。行道树一般选择悬铃木、香樟树、银杏树、松树等树冠整齐、姿态优美、冠幅较大的植物。绿篱或绿墙一般密植形成背景或屏障,可以作为绿色廊道划分空间,也可以作为背景衬托景观雕塑或艺术品。通常选择易萌芽、易修剪、常绿且生长缓慢的小叶树种,比如小叶女贞、桂花等。

图 3-86　列植(图片来源:https://www.baidu.com/)

c. 孤植

孤植(见图 3-87)要求植物本身具有良好的景观效果,强调植物的个体美。一般选择姿态优美、冠大浓荫、色彩鲜明、树干苍健的树种,比如枫杨、梧桐、雪松、银杏等。孤植树多种植在庭院的中心区域,如草坪中央、水岸、亭子旁等,成为人们的视觉焦点和活动中心。如果周围配置其他树木,应以低矮灌木为主,并且与孤植树木保持合适的距离以便观赏。

图 3-87 孤植(图片来源:https://www.gooood.cn/)

d. 丛植

丛植(见图 3-88)植株较多,一般是三株以上不同树种的组合,广泛应用于景观空间。为了体现植物的特征,常采用同种植物丛植来体现群体效果。不同树种组合时,要考虑植株各自生态性、观赏性之间的关系。丛植手法可以作为主景或配景,也可以起到背景或者隔离作用。配置方式宜自然,符合艺术构图规律,力求既能表现植物的群体美,也能表现树种个体美。

图 3-88 丛植(图片来源:https://www.baidu.com/)

e. 群植

群植(见图 3-89)一般应用在较大绿地空间中,如庭院中的自然驳岸、山坡、山丘等。通常由多株树木成丛、成群的配置,结构组合较为密实,植物之间作用更明显,以表现植物的群体美为主。群植可以单层同树种植栽,也可以多层混合树种植栽,尽量体现当地自然植物群落,充分发挥群植的生态性和观赏性。

图 3-89 群植(图片来源:https://www.baidu.com/)

2. 物质要素

（1）建筑

在庭院设计中，建筑具有使用和造景的双重功能，往往成为视觉焦点或成为控制全园的主景。庭院环境因为有精巧典雅的建筑更加美好，满足人们游玩、观赏的需求。庭院建筑功能简明、体量小，有高度的艺术性，既是生活空间，又是风景的观赏点。

在传统中式庭院中，建筑以丰富的类型和传统形式见长，功能丰富、点缀环境、衬托庭院。在现代庭院环境中，建筑设计也是因地制宜、精致巧妙、点缀空间，创造美妙的意境。建筑与周围环境协调处理可以提高庭院质量，同时建筑本身可以通过一定的布局，形成特有的风景。建筑形象明确、突出，容易吸引游人，在布局中能起到凝聚与导向作用。

①设计原则

a. 满足功能

庭院建筑布局首先要满足功能要求。人流集中的主要建筑，应该注意人流的集散与安全，设计应该靠近主要出入口、主要道路或广场，并且不能影响其他游览区的活动。亭、廊、水榭、楼阁等景观建筑选址时，应该考虑场地是否环境优美、有景可赏。洗手间这类建筑应该分布均匀，要若隐若现，方便出入。

b. 运用轴线

群体建筑组合在任何环境中都会体现一定的轴线关系，尤其在主要入口采取对称布局，显露主要建筑，体现强烈的轴线关系。北京颐和园排云殿建筑群，就是皇家园林中运用轴线布局的典型，如图 3-90 所示。

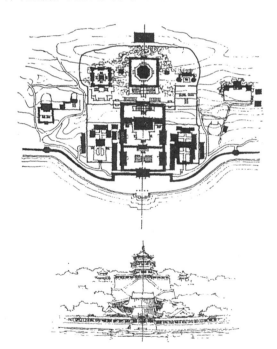

图 3-90　颐和园排云殿建筑群（图片来源：《中国古典园林分析》彭一刚）

私家园林的格局形式多样，局部的建筑群仍多以正厅为主体，设置中轴线组成院落。

c. 体现序列

在庭院设计中，建筑布局的空间序列，应该体现开始、过渡、高潮、结尾等不同的活动空间，可以采用大小、高低、疏密等不同的处理方法。

d. 布置灵活

灵活布置建筑能够增添环境的趣味性。建筑围合形成独立的空间，或开敞或封闭，虽小但幽静；两侧建筑之间形成对景，又相互衬托；水景与建筑相互结合形成多角度的丰富庭院，这样的布局方式多见于江南园林中。

e. 相互协调

由于建筑常常是庭院的构图中心，有时略显呆板。可以运用树木自然的树冠线来调整建筑平直的轮廓，构成庭院整体的虚实关系。同时，要注重建筑室内外的相互渗透，使空间具有变化，活泼自然。建筑设计还应该采取就地取材的方式，减少土石方量。比如，采用虎皮墙、石柱、山石散置等自然材料，或通过引入自然水体和光线形成天井空间。注重建筑之间的融合与渗透，比如曲廊从主体建筑中延伸出来，联系其他建筑，实现空间渗透，增强庭院层次的效果。

②类型

a. 亭

亭又称"凉亭"，源于周代，多建于路旁，主要为行人提供休息、乘凉或观景的场所，也是园中一景。《园冶》中说："亭者，停也。"因此，亭是庭院中满足人们驻足休憩，纳凉避雨和极目远眺所设立的景点建筑，适合布置在山巅、路旁、水际、桥头。亭的体量以小巧精致为宜，使人感到亲切。亭的造型主要取决于平面形状、组合方式和屋顶的形式。按亭所在位置划分,有山亭、半山亭、沿水亭、靠山亭、骑水廊亭、路亭、桥亭、碑亭(见图 3-91 和图 3-92)。按平面形式划分,有圆形、长方形、三角形、四角形、六角形、八角形、扇面形等。按屋顶形式分有单檐、重檐、三重檐、攒尖顶、平顶、歇山顶等。

图 3-91　各种类型的亭(图片来源:自摄)

图 3-92　园林中的亭(图片来源:https://www.baidu.com/)

随着庭院设计发展,亭成为主要建筑之一。亭一般由几根立柱支撑屋顶,除少数有墙和门窗外,大多为通透设计,在柱间有坐凳、栏杆。它既是游人视线的落点,又是游人视线的起点,即亭要满足人们观赏风景,又要成为人们所观赏一处景致。亭子功能主要有两个:一是实用功能,为游入提供休息、休闲和观景的场所;二是造景功能,在当今庭院设计中,它又与现代设计手法、科学技术结合呈现形式多样、个性分明的特点,是当前最具活力和最能发挥设计者想象力的一种建筑形式,如图 3-93 所示。

图 3-93　各种形态的亭(图片来源:https://www.zhulong.com/)

　　庭院中设置亭,选址于造型显得尤其重要。它可以在水中、池岸边,也可以结合其他建筑建造、还可以建在草坪上或空地上。《园冶》写道:"花间隐榭,水际安亭,斯园林而得致者。惟榭只隐花间,亭胡拘水际,通泉竹里,按景山颠,或翠筠茂密之阿;苍松蟠郁之麓;或借濠濮之上,人想观鱼;倘支沧浪之中,非歌濯足。亭安有式,基立无凭。"这段文字很好地描述了亭的位置和作用。亭的设计应该结合庭院的环境,选择在风景优美且能观赏风景的地方,这样既可以为游人提供歇足休息的地方,又可以成为一处庭院美景。

　　亭在空间中,一般起画龙点睛的作用。从平面形式上,可以分为单体式、组合式与廊墙结合式三种类型。亭子的制作材料常采用砖竹木、茅草、石材、钢筋混凝土、金属等。亭的设计应注意与自然景物的有机结合,尺度适宜,色彩及造型上尽量体现时代性或地方特色。要在有限的建筑空间中追求无限的心理空间,也是庭院设计中的意境所在,如图 3-94 所示。

图 3-94　上海花草亭(图片来源:https://www.zhulong.com/)

　　b. 廊

　　廊是亭的延伸。通常把上方有顶盖的开敞式(四周无墙壁)或半开敞式(单面有墙壁)的长条形园林通道或走廊或过道称为廊。廊是在两个建筑物或两个观赏点之间有顶的过道,除了具有休息、避雨和交通的作用外,还可以起到划分空间、丰富空间层次、空间过渡和组织空间的作用。通过廊道的艺术化布局,将庭院景点与空间串联起来,形成一个有机的整体,达到引人入胜的目的。廊道形态狭长、时拱时平、婉转多姿,或盘山腰,或穷水际,如图 3-95 和图 3-96 所示。沿廊漫步,既像在室内,又像在室外,有很好的空间渗透作用。

　　按照廊道的平面形式、总体造型及其与地形、环境的关系可分为:直廊、曲廊、回廊、抄手廊、爬山廊、叠落廊、水廊、桥廊等。按照横剖面形式分:有单面空廊、双面空廊、双层廊(又称楼廊)、复廊(又称里外廊)、暖廊、单支柱式廊等。按照功能分:休息廊、展示廊、候车(船)廊、分隔空间廊等。按廊顶形式分有坡顶、平顶和拱顶等。廊的结构形式虽然比较简单,但造型空间大,平面形式丰富,艺术感强。现代庭院设计中,结合新材料、新技术以及新结构,廊的形式得到进一步丰富,如图 3-97 和图 3-98 所示。

图 3-95　竹林长廊(图片来源:自摄)

　　廊的主要作用主要有三个方面。首先,廊具有实用功能,为游客提供遮风避雨、休息游憩、读书看报、漫

图 3-106　户外桌椅(图片来源:https://www.gooood.cn/)

图 3-107　各种材料的园椅(图片来源:《最新公共环境设施设计》)

设计母题为单位排列组合,形成具有序列感的连续性墙体。生态式景墙则是通过合理的植物配置,实现滞尘、降温、隔声的作用,形成既有生态效益,又有景观效果的绿色景墙。

在庭院设计过程中,应该注意景墙的组合与变化,并结合山石、植物、水体、建筑等其他设计元素,形成虚实结合的空间效果,如图 3-108 所示。同时,墙体上可以开设洞口或洞窗,创造障景、框景或漏景的效果。例如,当景墙与假山组合造景时,它们之间可分可合,各有其妙;与水组合造景时,两者之间可以若即若离,运用壁泉、跌水、水池让两者相即,运用墙体与水体之间的假山、园路、植物使两者相离。

图 3-108　景墙(图片来源:https://www.gooood.cn/)

　　景墙既要坚固耐久,又要美观。现代庭院中的景墙常引入文化元素,不仅有庭院装饰作用,而且有文化传播的效果,起到宣传或潜移默化的作用。庭院中的景墙设计,应注意材料纹理走向和墙缝式样。景墙线条水平划分,给人轻巧舒展之感;线条垂直划分,景墙有雄伟挺拔之态;斜线划分,有极强的方向性和动感;曲折线及斜面处理,呈现轻快、活泼特点。在材料选择上,应该注意不同材料带给人的触觉和质感,自然材料粗犷野趣,人工材料细腻、纹理丰富,如图 3-109 所示。景墙的立面装饰,与空间环境的特点相结合,妥善运用壁画、浮雕、格栅等艺术手段进行塑造。在景墙空间关系上,应该推敲前后、高低、虚实、灯光等关系,使得景墙虚实结合、高低有致、深浅对比,丰富景观空间层次。

图 3-109　景墙(图片来源:https://www.gooood.cn/)

　　庭院中的围墙,主要是起到围护庭院的作用。造型优美、设计独特的围墙也是庭院的一个特色。现代庭院的围墙可以设计成实墙,也可以是虚墙或虚实结合的墙体。实墙主要是围护庭院,并保证一定的安全性,而虚墙或虚实结合的围墙让庭院内外的庭院相互融合,相互借景,形成和谐的庭院,如图 3-110 所示。

图 3-110　虚实结合的景墙(图片来源:https://www.gooood.cn/)

　　d. 垃圾箱

　　在庭院中,垃圾箱是卫生收纳用具,主要设置于园路两侧、易产生丢弃物的场所。垃圾箱的形式主要有固定形、移动形、依托形等,设计需要体现人性化与环保性。如投口高度一般设为 0.6m～0.9m 方便人们使用,设置可回收与不可回收垃圾箱。垃圾桶常常采用塑料、木质、金属、水泥、钢木等材料来制作,如图 3-111 所示。设计时可以就地取材,充分利用具有本土特色的材料来制作,如景德镇古窑民俗博览区采用瓷器来制作的垃圾桶别有一番风情。

　　e. 雕塑

　　雕塑是庭院中的另一种风情,通常是文化在庭院中呈现的最好的载体。人们可以借助雕塑表达情感、传递思想和理念、寄托精神等。雕塑是指以可塑的或可雕塑的材料,制作出各种具有实在体积的形象。由于它占有长、宽、高三维空间,因此也称空间艺术,也有称之为视觉艺术或触觉艺术的,如图 3-112 所示。

　　雕塑的材料有黏土、油泥、金属、木、石等。现代庭院雕塑的题材比较广泛,如本土地理特征、风土人情、历史沿革、传说或神话故事、风俗习惯等。雕塑在庭院中的位置可以提供一个观赏角度或多个观赏角度,可以是近看也可以远观,如图 3-113 所示。

图 3-111   不同材质的垃圾箱(图片来源:https://www.gooood.cn/)

图 3-112   富有感染力的雕塑(图片来源:https://www.gooood.cn/)

图 3-113   不同观赏角度(图片来源:https://www.gooood.cn/)

f.园桥

园桥是园林艺术中不可或缺的元素。它充满着诗情画意,是文人雅士描绘与歌咏的风物。园林中有亭桥、廊桥、曲桥、平桥等,随意合用、因境而生(见图 3-114),除了满足通行功能,还随着意境的变化而点缀、渲染空间。时而轻盈凌空于水面,让人感到荡气回肠、时而婉转曲折让人觉得峰回路转。庭院中的桥,主要起到联系景点、组织线路、变换视线、点缀水景、增加层次的作用。园桥有交通和造景的双重作用,如图 3-115所示。

　　建于水面的汀步是园桥的另一种表现形式,所以也可以称为跳桥、点式桥。其主要是指在浅水中按一定间距布设块石,微露水面,使人跨步而过。庭院中运用这种原始古朴的渡水设施,别有一番情趣如图 3-116 所示。

图 3-114　园桥 1(图片来源:https://www.baidu.com/)

图 3-115　园桥 2(图片来源:https://www.baidu.com/)

图 3-116　汀步

　　g. 其他园林建筑小品
　　在庭院中,花坛、栏杆、灯具、指示牌、音响喇叭等为游人提供游览服务、生活便利和警示作用。这些物质元素虽然是庭院设计中的辅助元素,但如果合理运用、巧妙搭配,不仅能满足人们的需求,而且是庭院中的一景,如图 3-117 至图 3-120 所示。
　　(2)铺装
　　铺装是不可或缺的庭院元素,不仅提供干净舒适的道路,而且能提供良好的活动场地,形成优美的景观

图 3-117　花坛(图片来源:https://www.gooood.cn/)

图 3-118　栏杆(图片来源:《城市景观雕塑与景观小品》)

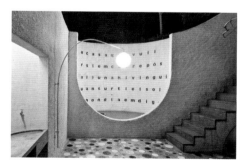

图 3-119　灯具(图片来源:https://www.gooood.cn/)

图 3-120　标识

环境。作为一种地面表皮,铺装可以组织、引导、分隔空间。在传统中式园林的铺地中,还体现了生态环保的功能,赋有一定的文化内涵,如松、鹤等象征着长寿寓意的图形在铺装上的运用等。

①功能与设计

a. 提供活动空间

铺装的实用功能主要是抗压耐磨、提供活动场所和限定空间,如图 3-121 所示。首先,根据铺装不同的材质和特性,能够设计具有抗压耐磨特点并且高频率使用的场所,避免了草坪遇到雨水变为泥泞的场地。硬质铺装不易损坏并且几乎不用维护,长远看来比较经济,但是也要考虑铺装的面积和材质。比如,夏季铺装地面吸热,人们在铺装广场上的热感温度明显要高于草坪。抛光石材用于铺装,在雨雪天气下容易导致行人滑倒。

铺装的视觉效果首先取决于材质的纹理,因此庭院设计时,就应该绘制清楚铺装的材质。其次,当大面积铺装空间为人们提供相对静止的、宽敞的场所时,其动态的通行功能被减弱。最后,不同规格、材质、色彩以及铺砌方式的铺装相互组合,可以限定不同当功能空间。比如儿童游乐区、运动娱乐区、沉思冥想区等,应该随着铺装的变化得到限定。

图 3-121　提供活动空间(图片来源:https://www.gooood.cn/)

b. 引导人流方向

铺装还能通过组织不同色彩、材质、图案,形成点、线、面等形式,引导人群活动与行进路线。比如图案丰富的点状铺装能够聚集人群;或直或曲的线性铺装可以明确的引导人们的视线与行进路线;面状铺装能提供给人们舒适的休息空间,如图 3-122 所示。在庭院设计过程中,铺装的点线面关系通常根据空间设计需要灵活组合,形成丰富的空间层次。此外,铺装材料与铺砌方式还能够控制人群行进的节奏与速度。宽阔光滑且平坦的铺装材料有利于提高人群行进速度,狭窄粗糙且有高差变化的铺装场地能够减缓人流速度。

图 3-122　不同形状的铺装(图片来源:https://www.gooood.cn/)

c. 影响空间比例

在同等面积的空间内进行铺装设计时,采用较大尺寸的材质铺装有利于营造宽阔感,采用较小尺寸的铺装适合营造亲切感。铺装材料的多样化组合,可以分割空间形成不同的功能区域。通常情况下,地面铺装色彩统一、相似的材质表面,整体空间倾向于协调统一;地面铺装色彩对比强烈、差异性大的材质表面,会使空间分割性强并且具有吸引力。在较小的环境空间中,铺装应该选择质感细腻的材质,且尺寸不宜过大。在较大的环境空间中,则倾向采用大面积铺装并配合大尺寸材料,避免小尺寸材料形成琐碎的空间感。若使用小尺寸砖,可采用图案化的形式来协调大面积铺装,如图 3-123 所示。

图 3-123　影响空间比例的铺装(图片来源:https://www.gooood.cn/)

d. 营造空间氛围

庭院设计中的铺装与其他造园要素搭配运用,能够营造具有特色的空间氛围。铺装的色彩与形式、材质与肌理丰富多样,给人细腻感、粗犷感、现代感、原始感等多种感受,合理运用能够营造静谧空间、沉思空间、流动空间、神秘空间等,如图 3-124 所示。因此,铺装设计不仅要与周围环境相协调,突出庭院设计的立意和构思,而且要注意色彩、尺度、质感、构形等外观效果。铺装通常在空间中起衬托作用,不宜采用大面积鲜艳的色彩,避免与其他元素冲突。在体现传统意韵的庭院环境中,可以采用自然形状板岩、砖、瓦、砾石、卵石等具有自然感的材料。

图 3-124　影响空间比例的铺装(图片来源:https://www.gooood.cn/)

e. 统一协调作用

铺装还可以统一协调相关联的其他造园要素。在庭院设计中,户外家具、小品、构筑物的尺度形状、色彩材质千差万别,但放置在同一片铺装之中,会构成统一的关系。一方面,铺装地面能联系建筑与外部空间,形成统一的视觉效果。另一方面,质朴典雅、图案协调的铺装材料有利于布置视觉焦点。如果铺装的色彩鲜艳、图案独特会引人注目、喧宾夺主,不利于建立空间的协调关系。因此,庭院铺装设计应该综合考虑材料的形式与质感、色彩与图案、强度与耐久性、肌理与铺砌方式等。在传统中式园林中,对铺装细节都有细致的要求。在采用方正的块材时,要注意接缝的细节处理,铺装的接缝对工程质量和美观也会产生一定影响,如图 3-125 所示。使用这些材料铺面的轮廓最好是矩形的,或是能反映这些单元的形状特点。如果要取得曲线的效果,可以采用铺面单位逐渐退移的方法,同时与植物配置相结合来获得曲线形状,如图 3-126 所示。硬质铺装与地被植物的有机结合可以避免生硬的铺装效果,从而营造生动自然庭院地面效果。

图 3-125　块材铺装　　　　　　　　　　　　图 3-126　曲线铺装

②铺地材料

庭院铺地材料根据其自身特性分为天然材料和人工材料。天然材料取材于自然,经过简单加工便可投入庭院建设中,如青石板、卵石等。人工材料是利用自然界原始材料进行整合、化学合成等生产制造的,如人造大理石、水刷石等,常用庭院铺地材料有青石板、鹅卵石、防腐木、料石、陶土砖、青砖、砾石等。

③主要铺地场所

a.园路铺地

园路一般是指园林中的道路工程,其设计包括同路布局、路面层结构和地面铺装等的设计。园路的主要作用是组织空间、引导游览、交通联系并提供散步休息场所,也是庭院的一部分,兼具着造景的作用。园路的设置还要考虑到给排水、供电等功能需求,及让除草机、割草机等通行的功能需求,使其具有一定的宽度和承载力,如图 3-127 所示。

图 3-127　园路铺地(图片来源:https://www.gooood.cn/)

园路是联系各个景点的纽带,对行人具有引导作用。人在园路中除了行走外,还会有观赏行为。因此,园路铺装本身也应具有观赏性和趣味性。园路铺地又可分为线性行走空间和面性园路节点,线性行走空间以步行交通为主,应采用具有舒适感的材质,还要依据路线、路宽、路形、排水和坡度综合考虑铺装材料的选择。面性园路节点包括入口空间和园路节点,是庭院设计中比较重要的位置,宜选用视觉效果好并且坚固耐用的材料,如砌块式石材、砖材、混凝土砖、整体性彩色混凝土、整体性沥青及塑胶铺装等材料。另外,根据设计需要,可利用防腐木条、砾石、卵石等材料进行局部铺设。

传统中式园林中的园路有着异于西方园林的特质,即园路讲究忌直求曲。常言如“曲径通幽”“路径盘蹂"等词句都充分道出了园路追求以曲为妙的要点。庭院中的曲与直是相对的,应该根据庭院需求,做到曲中有直,直中有曲,曲直结合,灵活运用。

　　虽然面积小的庭院中,园路功能不如大的庭院,但造景作用仍然至关重要。看似零散的园路,实际上是庭院的骨架和纽带,如图 3-128 至图 3-131 所示。作为骨架,它在整个庭院构图中起着均衡作用。应该主次分明、疏密有致、曲折有序,并结合地形把各个景点有机地联系起来,形成具有层次感、节奏感的庭院空间,让人们在不知不觉中被引导去游玩和休息。

图 3-128　中式园路 1(图片来源:
https://www.baidu.com/)

图 3-129　中式园路 2(图片来源:
https://www.baidu.com/)

图 3-130　日式园路 1(图片来源:
https://www.baidu.com/)

图 3-131　日式园路 2(图片来源:
https://www.baidu.com/)

　　b. 广场铺地

　　广场是建筑物、小品、植物、道路等元素围合成的开敞式空间,起到组织游览路线、人流集散、休闲娱乐的作用。广场的布局形式有自然式、规则式及混合式,多布置在庭院入口、庭院中心或大型建筑旁,可以结合花架、花坛、水池、雕塑等共同组景。广场一般面积较大,为人们提供集会、散步、锻炼的活动场地,空间利用率较高。广场铺装应选择粗犷、厚实、线条较为明显的材料,表面应该较为平整、光滑,便于人们活动,如图 3-132 和图 3-133 所示。

图 3-132　三亚天涯海角 1(图片来源:自摄)

图 3-133　三亚天涯海角 2(图片来源:自摄)

c. 停车场铺地

停车场属于开放空间,铺地应以实用为主,还有重视材料的承载性和平整度。常用的铺装材料有连锁式混凝土砌块、混凝土嵌草砖。生态停车场的做法是铺设混凝土嵌草砖,如图 3-134 所示。嵌草砖承载性好,还可以增加一定的绿化面积,调节局部小气候。另外,还可选用有较好抗变形能力的透水式沥青、透水式混凝土。同时,对停车位的划分可以选择与周围铺装材质或颜色不同的材料预先划分,这样铺地会富于变化,不致太过单一,如图 3-135 所示。

图 3-134　停车场透水铺装(图片来源:自摄)　　图 3-135　停车场铺装(图片来源:https://www.gooood.cn/)

d. 儿童游戏场所铺地

儿童游戏场所主要服务于少年儿童等未成年人,让他们在这里进行相应的活动,此类铺地材料应具有安全保护性,宜选用弹性材料,一般采用塑胶、木材、沙砾等作为活动场地的铺装材料,如图 3-136 所示。

图 3-136　儿童游戏场铺装(图片来源:https://www.gooood.cn/)

e. 体育运动场所铺地

体育运动场所一般具有公众性、开放性。综合地来看,场地平整是最基本的要求。平整的场地有利于运动者做各种动作,以整体性铺装材料为宜,要求选用具有耐久性的弹性材料,如图 3-137 所示。

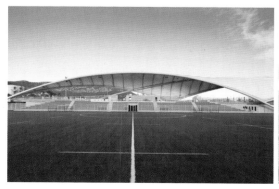 

图 3-137　运动场所铺装(图片来源:https://www.gooood.cn/)

（3）山石

从古代园林到现代庭院,山石的运用无处不在。从最初的不经意摆放,到后来的精心设计,庭院设计已经完全离不开山石了。传统中式园林中对山石的运用手法已相当娴熟,早在《园冶》中系统的研究了石材的类别,如黄石、太湖石、房山石等。由于石材本身物理特性和丰富的肌理效果,使得它不仅能在时间打磨中持久存在,而且能根据设计需要体现地域特色。扬州个园夏山太湖石的玲珑秀美,黄石的挺拔浑厚都是石材的灵活运用,如图 3-138 和图 3-139 所示。

图 3-138　个园太湖石(图片来源:自摄)

图 3-139　个园黄石(图片来源:自摄)

现代庭院设计继承了传统造园理念,传统的理石手法也备受推崇延续至今,并得到进一步的发展。山石结合现代技术和材料,常用于公共绿地、游乐场、风景名胜区、住宅区、庭院等多种空间,以其独特的形态和自然的气息,提升人们的生活环境品质。

从人们的审美趣味和设计观念来看,山石的运用不论从选材造型、布局配置上都彰显其功能上的优势,让它在庭院设计中有了更加广阔的设计内涵。庭院设计师在继承和发扬传统的置石手法的基础上,要进行不断地发掘和拓展。在遵循庭院整体空间设计的基础上,注重山石的细节处理,要体现"细微处见精神"的意境。

①功能

山石常以色彩、肌理、形态等特点为基础,与建筑、水体、植物等造园要素进行组景,增加庭院自然生动的氛围。不同于水体的流动性、植被的生长性,山石所具有的稳定性为人们所青睐。通过山石的过渡,庭院环境更加和谐。山石不同的特质给人们丰富的感受,或玲珑有致,或粗犷大气,或棱角分明,或珠圆玉润。

设计者可以借助不同山石的质感,来达到特有的效果,如细质地的卵石、大理石等;中等质地的小卵石、砾石等;粗质地的未经加工的毛石等。山石在庭院设计中的作用主要可以表现在以下几个方面。

a. 基本构架

在以山为主景或者以山石为驳岸的水池做主景的园林中,整个院子的地形起伏,皆以山石构架为基础来变化,这种设计手法用在北方园林中彰显大气磅礴,而用在南方园林中则营造隽秀灵动。

b. 分隔空间

假山在庭院空间中,起着障景、对景、背景、框景等分隔空间的作用。对大型空间来讲,常运用山石把单一的空间分隔成几个较小空间,增加景深与层次。相对于用墙体、建筑分隔空间,山石更符合自然风格园林的氛围,如图 3-140 所示。与天然喜欢亲近水体一样,人们也希望走近山石观赏游玩,所以堆山叠石置具有一定的实用与观赏功能。比如,水池或溪边的驳岸经过山石的围合、点缀,可以为游人提供休息、观赏的场

所;较大体型的假山还会设计立体空间,供人们登高赏月,供孩子们穿梭嬉戏。

图 3-140　扬州个园春山(图片来源:自摄)

c.点缀庭院

山坡上散置石头,属于点缀庭院的一种方式。这种方法应该主次呼应,像在山野中藏头露身的石头一样,带给人新奇自然感受,如图 3-141 和图 3-142 所示。不同品种的山石形态各异,要把握它们的个性、色彩、线条、纹理、质感来进行设计。在庭院设计中,山石可以自己单独组景,但更多的是结合植物、水体,柔和山石的硬朗感,更加生动自然。常言道:"山得水而活,得草木而华",正说明堆山置石离不开水和植物。

图 3-141　扬州寄啸山庄假山 1(图片来源:自摄)

图 3-142　扬州寄啸山庄假山 2(图片来源:自摄)

②类型

不同的石材具有不同形态与特点,组合的方式灵活多变。堆山叠石不仅要考虑形态美,而且要考虑与整体环境的协调性。相对于传统园林的山石形式,现代庭院中的山石设计更具有创新性。重点在于要找到与庭院意境相协调的石材,在此基础上选择恰当的处理手法。在设计中应该不被石材的形式所局限,重点体现石材的自然美与力量感,创造出功能合理并有意境的庭院空间。

a.假山

假山是以土石为材料,自然山水为蓝本,以造景游赏为主结合其他功能,加以艺术提炼凝造而成。假山既体现自然山岳的神韵风采,又有高于自然的文化内涵。中式传统园林中,讲究无山不成园,有园必有山。

假山的结构发展至今,大致可以分为以下四类:土山,以堆土塑造而成;土多石少的山,沿山脚包砌石块,在曲折的登山石径两侧,垒石固土,或土石相间形成台状;石多土少的山,山的四周与内部洞窟用石,或四周与山顶全部用石,成为整个的石包土;假山全部用石垒起,体形较小。假山的构造方法,要考虑因地制宜、经济安全。我国著名的假山有上海豫园的湖石玉玲珑,黄石假山等,如图 3-143 所示。庭院效果好的假山,多半是土石相间,在山水之间再现自然。

图 3-143　上海豫园玉玲珑、黄石假山(图片来源:https://www.baidu.com/)

　　堆叠假山在选址布局上,要注意高度、体量要与环境协调,主次分明。在选材上,要因地制宜,石材的形态、色泽、纹理、质感等都要与环境协调。在堆叠手法上,山体应该完整、脉络清晰、疏密有秩。在叠石技艺上,山石的连接处要自然朴实。在山洞、门洞、石桥、磴道处,要做加固处理,注意安全防护措施。

　　b. 置石

　　在庭院设计中除了堆山叠石以外,还可以零星置石,又称为置石或点石,起到点缀、装饰庭院的作用。虽然置石在体量上不如假山大,但是由于材料天然,表达手法抽象洗练,带给人无限遐思。点置时山石半藏半露,视觉效果非常别致。置石体量较小、用料少、分散布置并且结构简单,施工工艺并不复杂。但石材的选择与布置非常考究,格局严谨,体现"寓浓于淡"的思想。

　　由于东西方文化差异,石头的运用在东西方庭院设计中的表现方法也不相同。西方园林中的石头象征着永恒,代表权威。因此,庭院空间中的建筑、小品大多由石材制造,构成了庭院的主体。传统中式园林常将石头作为装饰,布置在廊隅墙角,柔化墙角的生硬线条。如徽派建筑庭院中的天井,空间虽然相对封闭,配上一些竹石鱼池后,一派生意盎然。日本庭院对石材的运用广度与深度都远超于我国,形成独特的石文化。不仅有石组构成的龟岛、鹿岛,而且有最具代表性的"枯山水"庭院,如图 3-144 所示。枯山水庭院是一种缩微式庭院,注重用不同砂石的纹样来表现海洋,体现禅宗思想。

图 3-144　日本枯山水(图片来源:https://www.baidu.com/)

　　在现代庭院设计中,山石不仅承载传统文化思想,而且体现时代精神。这给设计者更宽广的想象空间,充满人文关怀,如图 3-145 和图 3-146 所示。置石按布置形式可以分为特置、散置和群置。

图 3-145　山石承载文化 1(图片来源:自摄)　　图 3-146　山石承载文化 2(图片来源:自摄)

特置:由玲珑、奇巧或古拙的单块山石立置的布置形式,常作为局部构图中心或小景。这种布置形式常运用在入口、路旁、小径的尽头等,起到对景、障景、点景的作用。特置用石以太湖石为上选,按照"瘦、透、皱、漏、丑"的标准来选石,著名的特置有杭州的"绉云峰",如图 3-147 所示。

散置:将大小不等的山石零星布置,有散有聚、有立有卧、主次分明、相互呼应,形成一个有机整体。散置的选石没有特置的严格,布局也没有固定形式,通常布置在廊间、墙前、山脚、山坡、水畔等处,也可根据地势落石,如图 3-148 所示。

图 3-147　杭州绉云峰(图片来源:https://www.baidu.com/)　　图 3-148　园林散置石(图片来源:自摄)

群置:几块山石成组地排列,形成一个群体表现。其设计手法和布局与散置相似,只是群置所占空间相对较大,堆数也可增多,但从其布置特征来看,仍属散置范畴。

由于天然石材是不可再生资源,受到开采限制。现代庭院设计也有人造山石,具体做法是用天然块石为模具,外敷丝网、钢筋和水泥养护成型,外壳成天然山石状。用这种方法堆叠的假山,优点是可以自由选择山石形状,石体的重量很轻,摆放位置也更为自由。

任务三
庭院设计其他要素

1. 人文要素

"文化"一词最早源于拉丁文,侧重于精神上或者是个人情感上的一种交流和互动。关于文化的释义,美国人类学家泰勒在他的著作《原始文化》中是这样解释的:"文化包括知识、信仰、艺术、道德、法律、习俗和任何人作为一名社会成员而获得的能力和习惯在内的复杂整体。"因此,世界范围内不同风格的庭院,无论是传统还是现代,文化元素无处不在,中国岭南园林中的文化元素(见图3-149和图3-150)。

图3-149　余荫山房建筑与庭院雕刻文化(图片来源:自摄)

图3-150　余荫山房门楣装饰元素(图片来源:自摄)

(1)传统文化

传统文化是一种历史与时间的沉淀,存在于生活的方方面面,如古建筑、古城墙、古树、古井、牌坊、碑文、寺庙、陵园、园林等。在城市景观设计、园林设计中,同样离不开传统文化这一元素。传统文化已经注入人们的血液,而那些古建筑、古城墙、古树、古井则成为人们记忆深处、传承文化的载体。无论是北方的皇家园林,还是南方的私家园林;无论是造园理念、造园手法、还是造园要素都无不蕴含了中国传统文化的精髓。它们体现了中国文化中的或高雅或民俗的文化,如用梅、兰、竹、菊来比喻君子的美好的品质,松树、仙鹤、乌龟代表着长寿,葫芦寓意着福禄。古代造园家将庭院景观与中国传统文化相融合,塑造了一个又一盒具有美好寓意的庭院空间。

在传统文化元素的应用方面,雅与俗都可以被借助,以此来表达某种思想或者愿景。例如,我国大书法家王羲之与友人推杯换盏的方式——曲水流觞,就被传统的、现代的庭院加以应用,如北京恭王府花园、贝聿铭设计的香山饭店、大同善化寺等都应用了"曲水流觞"这一概念模式,如图3-151所示。

此外,园林建筑及其装饰、铺地都可以成为传统文化元素传递的载体,以此来表达设计主题思想和地域特色,或表达某种寓意,比如月洞门、漏窗等,如图3-152所示。

(2)现代文化

现代的庭院中,不仅传承传统文化,而且彰显时代精神与现代文化。文化是一脉相承的,现代文明不能脱离传统文化。现代文化是工业革命以来产生的新文化,是一个国家在发展过程中,人们在现今的生活方

图 3-151　曲水流觞在庭院中的应用(图片来源：https://www.baidu.com/)

图 3-152　月洞门与漏窗(图片来源：https://www.baidu.com/)

式、科技水平下形成的一种新型思想理念、道德标准、行为准则等的汇集。现代文化的表现形式多种多样，包含现代科技、现代理念、现代庭院等。现代庭院实际上是属于现代文化的一种表现形式，比如，处于人性化关怀的无障碍设计、现代高科技为灯光音响带来新的可能、资源节约型社会提倡的运用废弃创新设计的小品，如图 3-153 所示。

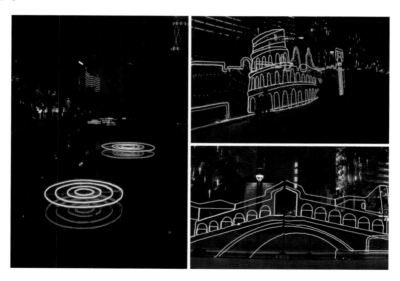

图 3-153　花城广场中的灯光艺术(图片来源：自摄)

2. 情感要素

寄情于山水、借万物于表情，是传统中式园林营造的目标。随着人们对生活环境的日益关注，设计师也越来越重视人性化设计。因而在庭院设计中，设计师注入了情感元素，以特定的物质作为载体，创造能够拥有丰富的内心体验，满足主体情感需求的庭院空间。

纵观世界三大园林体系,除了以中国园林为代表的东方园林以外,西亚园林与欧洲园林中也不乏大量使用情感元素的园林,如泰姬陵、空中花园等。这些园林建筑及庭院空间无不寄托了建造者的情感。如今当游人在这些庭院空间中游走时,仍然可以和庭院中景观互动交流,感悟庭院空间所传达的情感与文化。因此,在进行庭院设计时,设计师应该把人的情感作为设计元素,再借助设计方法和物质载体,来体现内心的情感。情感元素虽然看不见,但是设计师可以借助物质元素来表达感情,同时起到引导、调节和承载感情的作用,使游人产生感悟与共鸣,如图 3-154 和图 3-155 所示。

图 3-154　禅宗思想(图片来源:https://www.baidu.com/)　　图 3-155　寄情山水(图片来源:https://www.baidu.com/)

在情感元素的物质载体中,色彩最能引起人们的情感联想。自然界的植物在不同季节表现出不一样的色彩,使得庭院空间具有四维时空性,还带给人带来四季变换视觉感受和心理体验。比如,春季树木抽枝发芽、鲜花含苞待放,让人们充满希望;夏季绿树红花,浓荫遮蔽酷暑,为人们带来夏日的热情与清凉;秋季树叶变得五彩斑斓,让人觉得时光变得静谧美好;冬季植物凋零,为人们心间平添了几分寂寥的情绪。冬日庭院中的积雪,给人别样的美妙感受,如图 3-156 所示。人们比较容易发现植物外在的形态美、色彩美、个体美与群体美,但对于植物所蕴含的抽象的意境美不易察觉。这种美的感受,因人们的生活背景、文化水平、民风民俗的不同会有所差异。

图 3-156　园林中的雪景(图片来源:https://www.baidu.com/)

除了植物以外,水景、光线、风声也可以具有引发人们的情感联想。在扬州个园冬山的墙壁上,造园师开凿了二十四个圆形孔洞,每个孔洞直径约一尺,分布均匀,排列整齐。冬为岁尾,人们很自然联想到它代表了一年二十四个节气。这些孔洞被人称为"风音洞"。风音洞所在的高墙后面是一条狭长的通道,风从高墙窄巷之间擦墙而过时,会形成负压,加快流速。这时墙上四排孔洞,就好像四支等待已久的横笛,呼呼作响,发出北风呼啸的声音,奏响了冬的乐章,给人以寒风料峭的感觉。

同样的,园林建筑色带也蕴含了社会文化因素,带给人们不同的情感体验。粉墙黛瓦给人一种古朴雅致的感觉;黄色琉璃瓦、朱漆大门、艳丽的藻井是皇家贵族常用的色彩,给人辉煌棋牌的感受。当今设计师借助不同造园要素的生长形态、色彩搭配、图形样式传递给人们各种情感,让人们有着丰富的情感体验,空间变得生动,仿佛会讲故事。

3. 时间要素

任何时期的庭院设计,不仅要考虑长、宽、高三维空间,而且要考虑时间因素,塑造"四维"的时空关系。植物的生长和庭院过去、现在和将来联系起来,尤其是现在的庭院最能体现时空要素。有前瞻性的设计师会预见树木和花草在时空延续下的变化,并按照设计构想加以发挥,让庭院更好地体现其应有的风貌,创造四维的庭院。

庭院设计的时间元素主要是指植物在不同季节的视觉效果。庭院设计离不开树木和花草,它们是有生命的,随时间而变化,在空间中不断地生长或衰落。因而在庭院设计中,设计师要充分了解本地区的气候和土质特征、了解何种本土植物、了解植物在不同季节所呈现的色彩和造型,如图 3-157 至图 3-159 所示。例如,在寒冷地区,冬季气候比较寒冷,植物色彩较为单调。因此在植物选择上,要充分考虑不同季相变化所呈现的色彩,让寒冷干燥的冬天也有一抹亮丽的色彩。同时要充分考虑植物特性,注重植物的形态,有些属于观干类的植物,也可以作为庭院的一处景致。在庭院设计时,要根据当地的气候条件、土质特征综合考虑,用多种方法达到造景效果。不仅要注意植物配置,而且要重视植物与其他元素的搭配。在时间要素的影响下,适当减少植物造景比例,代以四季不变的山石类、枯山水、艺术与雕塑等,使之在没有植物自然色彩的冬季也保持着另一番意境。

图 3-157　南京栖霞山红枫(图片来源:自摄)　　图 3-158　常州翠竹公园落羽杉　　图 3-159　三亚椰树(图片来源:自摄)

除了季节的变换之外,时间元素还有一种形式是指白天和夜晚的变化。这种时间元素主要是通过灯光来呈现。通过不同的灯光照射,可以达到不同的氛围,如苏州城在夜晚灯火辉煌,加上水面,形成了水天一片的借景效果,网师园夜景呈现江南园林别样的魅力如图 3-160 和图 3-161 所示。

4. 科技要素

科学技术能够推动社会进步,新材料新技术给庭院设计带来无限可能。在航空发动机上率先使用的热敏材料,现在也应用在产品中,像热敏椅、热敏织物。建筑设计师扎哈·哈迪德、弗兰克盖里,运用计算机技术,打破传统建筑的六个界面,创造新型的建筑空间。用膜材料制作的伯纳姆亭,如图 3-162 所示,纤维增强性塑料建造的香奈儿流动艺术馆等,都是新材料的创新运用。诺曼·福斯特是高技术生态建筑代表人,其设计的瑞士保险总部大楼,使用节能照明设备,采用被动式太阳能供暖设备等方式来节能,使摩天大楼比普通的办公大楼要节省 50% 的能源损耗。同样的,庭院设计借助科学技术,能够更加出色的解决实际问题。

图 3-160　苏州城夜景（图片来源：https://www.baidu.com/）

图 3-161　网师园夜景（图片来源：https://www.baidu.com/）

图 3-162　伯纳姆亭（图片来源：https://www.baidu.com/）

5. 美学要素

庭院设计意图，就是将人们理想中的生活状态筑造出来。庭院美学的构成要素，具体表现为自然美、材料美、技艺美、意境美。自然美是指庭院设计中对自然的保护与利用，蜿蜒的青石板路、曲折的水岸线、自然野趣的狼尾草、林间清凉的松声等,都是能够打动人心的景致。材料丰富的物理性能和美学特点给庭院表达提供了丰富的设计语言,竹材清丽高雅、石材坚实浑厚、木材自然古朴等,不同材质的肌理和组合方式又补充了设计语言,更有利于实现庭院目标。庭院的技艺美是指自然美与材料美的发掘与表达,只有通过人们娴熟的传统技艺和精湛的施工工艺才能呈现美。江南园林的堆山叠石技艺、徽派三雕的雕刻技艺、织锦刺绣手工艺美等,有的技艺直接参与庭院造景活动,有的以另外一些形式存在于庭院设计中,无不让人感叹匠人之心、精妙绝伦。庭院的意境美,体现在人们通过环境表达自己的精神追求。中国皇家园林体现了皇家的气势恢宏,江南园林体现文人雅士的意趣,日本禅意园林对生死的参悟,法国凡尔赛园林体现的君权至上等,在不同历史时期、不同场地性质基础上,要求庭院设计师应有准确意境的表达,如图 3-163 和图 3-164 所示。

图 3-163 园林中的意境美 1(图片来源:https://www.baidu.com/)

图 3-164 园林中的意境美 2(图片来源:https://www.baidu.com/)

项 目 小 结

重点学习庭院设计原理和设计元素,在今后的设计实践过程中,根据不同的庭院环境,选择合适的元素并能灵活地运用设计方法,营造符合人们需求的、环境优美的庭院空间环境。

Tingyuan Sheji

项目四
庭院造园手法与发展趋势

　　本部分主要介绍庭院的造园手法,引导读者掌握当今庭院设计的发展趋势。一方面掌握造园手法,能够灵活运用在庭院设计项目中。另一方面,掌握庭院发展趋势与思潮,提高创新思维能力和设计表现能力。

教 学 目 标

　　掌握造园手法与庭院发展趋势,掌握方法并提高创新思维能力,将所学的知识综合运用在不同尺度、不同性质、不同设计要求的庭院设计项目中。

教 学 重 点

　　重点学习庭院设计中的造园手法,掌握当今庭院设计发展趋势,培养学生的专业审美能力、提高学生创新思维能力,为今后设计实践打下坚实的基础。

任务一
庭院造园手法

1. 造园类型

庭院按照布局形式,可以分为自然式、规则式、混合式。

（1）自然式

自然式布局形式是指模仿大自然景观,使用没有明显人工痕迹的结构和材料,主张就地取材,与周围环境协调,融为一体。比如传统中式园林中通常运用缩移模拟的方式塑造自然界的名山大川。自然式布局的特点是追求野趣美,要求达到"虽由人作,宛如天开"的空间效果,传统中式庭院的布局方式都是自然式,构图上以曲线为主,讲究曲径通幽,欲扬先抑,忌讳平白直叙、一览无余,如图4-1所示。

（2）规则式

规则式又称几何式、规整式和图案式,构图多为几何图形。在平面布局上通常有明显的轴线,在庭院布局中起着统领作用。其他建筑和庭院景物沿着轴线对称布置,以此来体现规整、均衡的造型美。在垂直方向上,软质庭院也有着明显的人工痕迹,被打造成规则的球体、圆柱体、圆锥体等,比如法式风格的规则式模纹花园如图4-2和图4-3所示。

（3）混合式

现代庭院设计一般采用自然式和规则式结合的混合式布局。混合式主要指规则式、自然式相互融合、交错组合的方式。可以分为三种表现形式:整体庭院首先以自然式为骨架,没有主要的中轴线,但局部采用轴线布局并形成规则式布局;或全庭院有明显的中轴线,但局部采用自然式布局;或硬质庭院成规则式、软质庭院成自然式布局,如图4-4所示。

图 4-1　自然式庭院(图片来源:
https://www.baidu.com/)

图 4-2　规则式模纹花园 1（图片来源：https://www.baidu.com/）

图 4-3　规则式模纹花园 2（图片来源：https://www.baidu.com/）

图 4-4　混合式庭院（图片来源：https://www.gooood.cn/）

2. 造园手法

（1）障景

障景是传统中式园林常用的造园手法，主要是指采用"欲扬先抑""欲露先藏"的方式，以达到出其不意的效果。这种借助景墙、假山、置石、游廊、植被等遮挡视线的手法称为障景（见图 4-5 和图 4-6）。障景具有双重功能，一种是造景功能，另一种是屏障景物、改变空间、引导方向的作用。人们在游览中才会有移步异景的感受，才会体会"山重水复疑无路，柳暗花明又一村"的空间意境。障景本身就是一景，一般多布置在建筑物入口、庭院转折处，通过空间层次或造园要素等达到遮障、分隔景物，激发人们的好奇心并感到意犹未

尽。在现代庭院中,障景手法的运用也相当广泛。

图 4-5　置石障景(图片来源:　　　　　　图 4-6　植物障景(图片来源:
https://www.baidu.com/)　　　　　　　https://www.baidu.com/)

(2)借景

借景是巧妙地借助周围景物,如山石、水体、建筑、动植物、天气等成为另一景,以此来达到突出主题、强化立意的效果。借景的方法有很多种,如远借、邻借、互借、仰借、俯借、应时借等。

明代计成在《园冶》中记载:"构园无格,借景有因"。在中国传统园林中,造园者由因而借,化他人之物为我所用,纳园外之景到园内,从形、色、声、香等各个方面增添艺术情趣,以丰富园林景色,扩大园林空间。在面积较小的庭院中,借景则显得更加重要。让有限的庭院空间显得层次丰富,以小见大。借景分为直接借景和间接借景。

①直接借景

● 近借:在园中欣赏园外近处的景物。北京颐和园的"湖山真意"近借玉泉山,在夕阳西下、落霞满天的时候赏景,景象曼妙(见图 4-7)。

● 远借:在园林中看远处的景物,如靠水的园林,在水边眺望开阔的水面和远处的岛屿。无锡寄畅园中远借锡山山景与龙光塔,构成了山水长卷(见图 4-8)。

图 4-7　近借(图片来源:　　　　　　图 4-8　远借(图片来源:
https://www.baidu.com/)　　　　　　　https://www.baidu.com/)

● 互借:两座园林或两个景点之间彼此为对方的景物,比如五台山寺庙群相互借用(见图 4-9)。

● 仰借:在园中仰视园外的峰峦、峭壁或邻寺的高塔。颐和园仰接玉泉塔,形成美丽的图画(见图 4-10)。

● 俯借:在园中的高视点,俯瞰园外的景物。江西滕王阁上眺望赣江水景之壮阔,就是在制高点眺望到园外静物(见图 4-11)。

● 应时借:借一年中的某一季节或一天中某一时刻的景物,主要是指借云彩朝霞、植物季相的庭院景观。比如南京栖霞山的晚霞、秋日的红叶都给游览人们留下难忘的记忆(见图 4-12)。

②间接借景

间接借景是一种借助水面、镜面映射周围景物的构景方式。扬州何园一处景观"镜花水月"淋漓尽致地体现了间接借景。在墙上挂一面镜子,反射对面的自然景观,如果不仔细观察以为是墙面的一扇洞窗。水中月,是借助水面反射山石表面的孔洞,落在水面上圆形光点好似水中的月亮。这种借景方式能使景物格外深远,饶有趣味,有助于表现四周景色,构成绚丽动人的庭院,苏州博物馆前的水景强化了建筑美和意境美(见图 4-13)。

图 4-9 互借(图片来源:https://www.baidu.com/)

图 4-10 仰借(图片来源:https://www.baidu.com/)

图 4-11 俯借(图片来源:https://www.baidu.com/)

图 4-12 应时借(图片来源:https://www.baidu.com/)

（3）隔景

隔景用以分隔空间的景物,可以借助地形、植物、景墙、游廊、水面、岛屿、建筑等,来隔断部分视线及游览路线,避免各景区的相互干扰,增加园景构图变化,使空间"小中见大"。隔景不同于障景,障景本身是庭院一景,在突出自身观赏性的同时,也营造了出其不意、柳暗花明的意境。而隔景在分隔庭院空间时,并不强调自身观赏效果,而是以此丰富园林层次,在有限空间创造无限风景。隔景的方式有实隔、虚隔和虚实相隔。

图 4-13 间接借景(图片来源:
https://www.baidu.com/)

①实隔

实隔是指让人们的游览视线可以从一个空间直接看到另一个空间的造园手法,通常运用实墙、山石、建筑、密林的方式进行隔断,可以避免邻近景区人群的相互干扰(见图 4-14)。

②虚隔

虚隔是指人们游览视线在遮挡后,还是能从一个空间看到另一个空间的造园手法,通常运用桥、堤、池岛、花架等方式,形成虚隔。虚隔可以丰富庭院的层次,使庭院景致更深远,具有观赏性,拙政园中低矮且弯曲的桥,在保证游人通行过程中,景观视线流畅且通透(见图 4-15)。

图 4-14　艺圃中利用假山与地形实隔　　　　　图 4-15　利用低矮且弯曲的桥虚隔

③虚实相隔

虚实相隔是指人们的游览视线有规律地、断断续续地从一个空间看到另一个空间的造园手法,常采用堤、岛、桥相隔或漏窗相隔,形成虚实相隔。比如拙政园小飞虹以轻盈之姿横跨水面,又不遮挡视线,丰富了景深(见图 4-16)。

(4)框景

框景是指在游览的视线范围内,设置中间镂空的围框来观景。这是人们为组织观景视线和局部观景的具体手法。常常采用洞门、洞窗、柱间、树丛、花架等,且选用特定的角度来获取最佳的观赏视阈。

这种手法旨在将游览视线高度集中在围框中,让框中的景观成为此处的主景。这样既突出了主景,又增加了景深,给人强烈视觉感染力,使庭院如同一幅天然的图画,形成"一步一景,移步换景"的效果(见图 4-17 和图 4-18)。

图 4-16　拙政园小飞虹的虚实相隔(图片　　　　图 4-17　不同形式门的框景(图片来源:https://www.baidu.com/)
　　　　来源:https://www.baidu.com/)

图 4-18　不同形式窗的框景(图片来源:https://www.baidu.com/)

(5)漏景

漏景是透过景墙或建筑的漏窗,或其他景物的间隙或透漏空间,将其他景物引进来的造园手法。漏景比较含蓄,有"犹抱琵琶半遮面"的感觉,将外围庭院渗透进来,营造若隐若现、隐隐约约的庭院效果,有种朦朦胧胧的艺术感染力,是此处庭院空间的补充或延续(见图4-19)。而框景清晰明确,引入的是外围一幅主题明确的庭院景观,是此处空间的主景。

图 4-19　漏窗(图片来源:https://www.baidu.com/)

(6)夹景

夹景一般位于主景或对景前,通过组织、汇聚视线和隐蔽视线,并且通过左右两侧单调的景色定向延伸,突出轴线或端点的主景或对景,达到美化风景的效果,还可以增加景深。

夹景一般运用植物、岩石、墙垣来塑造,是一种具有比较明显的造景手法。通常运用于庭院水平视线宽阔,且其自身观赏性不突出的情况下,利用植物(见图4-20)、山石(见图4-21)、墙垣(见图4-22)、柱廊(见图4-23)等形成屏障,制造狭长的左右被阻挡的空间来突出主景的地位,使景观生动并且有层次感。

图 4-20　植物夹景(图片来源:https://www.baidu.com/)　　图 4-21　山石夹景(图片来源:https://www.baidu.com/)

图 4-22　墙垣夹景(图片来源:https://www.baidu.com/)　　图 4-23　柱廊夹景(图片来源:自摄)

(7)对景

对景有相对之意,意即互为景观,互相观赏。对景分为正对和互对。对景一般设于道路尽头、入口的对面。正对是指在视线终点或轴线一个端点布置景观成为正对。这种情况下,人流与视线的关系比较单一;互对是指在视点和视线的一端,或者在轴线的两端设景称为互对,此时,互对景物的视点与人流关系强调相互联系,互为对景。比如苏州留园中石林小院,院北是揖峰轩,院南是石林小屋。因为园中立有晚翠峰,因

此相互对视,时隐时现,如图 4-24 所示。颐和园中南湖岛和十七孔桥是万寿山的对景(见图 4-25)。

图 4-24　留园中的对景(图片来源:
https://www.baidu.com/)

图 4-25　颐和园中的对景(图片来源:
https://www.baidu.com/)

(8)添景

当游人在观赏远处的庭院景观时,中间如果没有过渡,为了加强空间层次与景深,通常增设景点作为添景。通常采用雕塑、水景、植物来构成添景。在建筑围合的中庭空间,放置具有艺术感的花坛和观赏性佳的植物可以丰富景观层次,如图 4-26 所示;在庭院主要建筑前方,设计一方水池,同样可以作为添景(见图 4-27)。

图 4-26　利用植物添景(图片来源:
https://www.baidu.com/)

图 4-27　利用水景添景(图片来源:
https://www.baidu.com/)

任务二
庭院景观发展趋势

1. 庭院设计特点

(1)多元性

庭院设计与人体工程学、心理学、大众行为学、美学等学科相互融合,使它具有多元性的特点。庭院设计的多元性,具体表现在自然因素、社会因素、造园理念、塑造手法等不同层面。庭院设计一方面要尊重自然环境、传承历史文化,综合运用艺术、科学、技术等手段解决庭院空间所存在的问题,创造能够满足人们使用的美好环境,实现社会效益、经济效益和生态效益共同可持续发展的目标。另一方面,在多元化的社会背景下,人们对庭院空间的形式与功能、文化与审美等方面呈现多样化需求。为了满足不同民族、不同职业、不同年龄的人群对空间场所的感知力,庭院空间必然会呈现多元性(见图4-28)。因此,庭院设计理念、实施途径、设计目标都具有多元性,多元性是庭院设计的本质特点之一。

图4-28　艺术画廊庭院空间(图片来源:https://www.gooood.cn/)

(2)时代性

庭院设计的时代性体现在与时俱进方面,当今的庭院不再是少数统治阶级私有的场所,而是服务群众的人性化空间。一方面,随着时代的发展,先进的工程技术、丰富的新型材料为当今的庭院设计提供技术支持,人们能够塑造具有时代特点、增加艺术感染力的庭院空间。另一方面,时代的发展也带来了环境污染、资源浪费、人地关系紧张等环境问题。这就要求庭院设计应该以生态性、节约性、可持续性发展为导向(见图4-29)。由此可见,庭院设计应该顺应时代发展,彰显时代特色、满足现代人的生活方式以及社会交往的需要。

图4-29　低介入方式营建的庭院空间(图片来源:https://www.gooood.cn/)

(3)生态性

随着环境问题日益突出,人们越来越重视生态环境。20世纪70年代初,全球兴起保护生态环境的热潮。麦克哈格教授出版的《设计结合自然》一书中,提出在尊重自然规律的基础上,建造与人共享的生态系统思想。庭院设计的生态性主要体现在两个方面,从宏观上看,庭院设计能够改善城市热岛效应、调节城市微气候。在一定地域范围内,能够最大限度地保护动植物种类,使城市生态系统处在良性循环中。从微观上看,庭院设计能够净化空气、降低城市噪声,给人们一处返璞归真的舒适场所(见图4-30)。

(4)互动性

庭院设计的互动性主要是指庭院空间与人的互动与交流,具体表现为庭院设计的人性化和活动的多样性。在庭院规划之初,就应该对场地的潜在功能有效预测。规划中要坚持以人为本的思想,满足人们的需求。设计过程中要遵循人体工程学、行为学和心理学的原理,设置无障碍设施通道等具有人性关怀的设施。此外,根据庭院的不同性质与主题,可以运用参数化设计、互动艺术装置等方式,增强庭院空间的互动性,满足不同人群对空间的需求,最终实现人、自然、社会的和谐共处、协同发展(见图4-31)。

图 4-30　绿色生态的庭院空间(图片来源:https://www.gooood.cn/)

图 4-31　活力互动的庭院空间(图片来源:https://www.gooood.cn/)

2. 现代庭院设计新思潮

庭院设计属于景观设计学科的发展分支,随着时代发展、人们生活方式和景观新思潮的发展而演变。庭院设计受到现代社会、文化、艺术、科学多方面的影响,呈现多样化发展的趋势。现代庭院设计应当顺应时代发展,坚持正确的价值观,创造和谐的、可持续发展的庭院空间。

（1）生态主义

景观生态学是 20 世纪 60 年代在欧洲形成的,与普通的生态学不同,它强调生态系统之间相互作用、生物的多样性、自然资源的经营与管理以及人类对庭院的影响。20 世纪 70 年代初,世界著名的园林设计师麦克哈格提出将景观作为一个包括地质、水文、植物和气候等要素相互关联的整体看待。

庭院设计作为城市空间的一部分,其生态性体现在很多方面。从植物配置上看,一座好的庭院设计应该充分利用植物的生长特性,以营造良好的庭院生态为原则。植物选择不局限于传统的庭院植物,种植风格也应该多样化。比如现代简约风、农舍风等将成为庭院种植新时尚。庭院中乔木、灌木、草坪以及花境的选择,应该优先考虑维护成本较低的植物品种(见图 4-32)。这样可以节约人工维护成本,还可以让人们参与养护劳作,如浇水、施肥、除虫害等。像草坪这类地被植物不需要过多修剪,也可以长得很好,有利于营造草原风格。

（2）极简主义

20 世纪科学和文化不断发展,产生了一门全新的视觉艺术,称为纯粹抽象的先锋艺术。20 世纪 60 年代美国的极简主义就属于这类先锋艺术,极简主义追求几何秩序、简化抽象,以极为简洁单一的几何形体或数个单一形体,重复构成作品。其主要代表人物有彼得·沃克、玛莎·施瓦茨,安德烈等。彼得·沃克的作品剑桥中心屋顶花园,在设计中进行了大胆的艺术尝试。他采用了一种带有艺术性的构成布置手法,平面上以紫色砂石做底,中心部分用淡蓝色预制混凝土方砖按网格点缀。剑桥中心屋顶花园鸟瞰图,两侧以低矮带状的花坛交错组织成一幅几何图案。剑桥中心屋顶花园的平面图和实景图分别如图 4-33 和图 4-34 所示。现代庭院中,极简主义体现了人们追求简约自然,设计满足功能要求,营造令人们身心愉悦的环境。

图 4-32　低维护植物配置(图片来源:https://www.gooood.cn/)

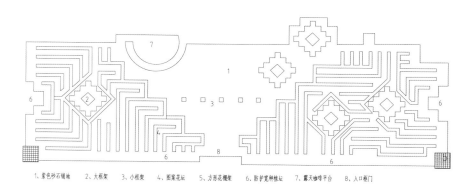

1.紫色砂石铺地　2.大框架　3.小框架　4.图案花坛　5.方形花槽　6.防护宽种植坛　7.露天咖啡平台　8.入口框门

图 4-33　剑桥中心屋顶花园平面图(图片来源:https://www.zhulong.com/)

图 4-34　剑桥中心屋顶花园实景图(图片来源:https://www.baidu.com/)

(3)功能主义

现代庭院设计注重功能性,像色染花园、蔬果园、容器花园、运动场等,都是渐渐流行的新庭院设计理念。色染花园就是在庭院中种植纯天然植物,比如红花、橙色万寿菊、茜草等,这些植物不仅具有很好的观赏性,而且可以运用它们的色彩晕染一些纺织物、线和衣服(见图 4-35)。蔬果园也是功能性庭院未来的发展趋势,观赏型可食用的蔬菜品种也越来越多,将蔬菜和花境融合在一起设计,既好看又好吃,增添了生活趣味(见图 4-36)。此外,一些室内功能也可以室外化,比如烧烤、观影、运动场地、宠物活动场地等,都可以在庭院设计中综合考虑,以满足现代人们的生活需求。容器花园是庭院设计新的模式,采用各种容器种植花草,每个容器中的植物都精心搭配,各有各的韵味,更能体现庭院的独特风采(见图 4-37)。

(4)大地艺术

20 世纪 60 年代,一部分具有创新意识的艺术家以自然为载体,将艺术与自然相结合,创造出一种具有艺术化情景的艺术形式,称为大地艺术或"地景艺术"。野口勇被称为"大地艺术"的先驱。他曾游学中国,在巴黎学习抽象雕塑,又从日本石匠和枯山水领悟到精髓,还从世界古代遗迹中得到启发,从而创造了出乎意料的美。其作品耶鲁大学贝尼克珍藏图书馆的下沉庭院,是他雕塑创作才能的集中展示,也是对龙安寺

图 4-35　色染花园(图片来源:https://www.baidu.com/)

图 4-36　蔬果园(图片来源:https://www.baidu.com/)

图 4-37　容器花园(图片来源:https://www.baidu.com/)

枯山水的一种现代诠释。场地和雕塑全为纯白的大理石,金字塔象征地球致敬远古的遗迹,圆环象征太阳永远照耀人们,立方体象征地球和太阳(见图4-38)。林璎的大地艺作品"海啸",将地形雕塑成了海浪的形状,连绵起伏的波浪从3米到4.5米高不等,人们行走其间仿佛会被吞没,就像冲浪运动员站立在海浪上一样感受大海的起伏和脉动。大地艺术思想使得庭院设计思想和手段更加多样,空间表现更具有艺术感染力。

（5）景观都市主义

长期以来,建筑物决定城市的形态。从文艺复兴时期把城市作为艺术品和图案,到柯布西耶的光明城市,关于城市的模式和设计理论都是以建筑和建筑学为基础的。以建筑学为主流思想的城市设计带来了很

与业主的沟通,设计师要综合考虑业主的生活方式与习惯,并给予专业的指导,从而合理的对庭院空间进行合理的分配。

表 5-1　园主需求清单

序　号	内　　容
1	家庭常住成员(包括宠物) ○姓名　　　　　　○年龄　　　　　　○爱好
2	现存问题(视觉和功能上)
3	需要保留或增强的优点
4	理想的场地风格(规则式/自然式)
5	最喜欢的植物
6	种植效果 ○观叶　○切花　○春季喜好　○夏季喜好　○秋季喜好　○冬季喜好　○四季喜好
7	喜欢的硬质景观材料 ○普通砖　○机制砖　○大理石　○鹅卵石　○石头　○木材　○混凝土　○金属
8	其他相关因素 ○照明　○灌溉　○家具　○水体　○装饰物　○其他构筑物
9	业主需求 ○停车区　○就座区　○游戏区　○蔬果园　○草药园　○室内花卉　○工具区　○堆肥区
10	预算 ○初期预算　○年养护费

随着甲乙双方的沟通与资料的收集,设计师对于甲的需求与喜好有了清晰的认识。这个会见与交流步骤,有利于设计师对庭院风格准确定位,合理布局、元素选取与方案设计。此外,甲方的造园预算与后期的管养投入也要一并考虑在设计之初,因为它会影响庭院的设计效果是否能够完好地呈现。没有足够的经济支持,有些设计只能停留在纸上。经济因素影响着设计中的所有环节,从实地调研、制订计划、设计施工到建筑材料、植物购买等。

(2)收集资料

在对甲方需求充分了解的基础上,还要针对庭院各方面的资料进行收集与整理。收集资料的过程就是一个分类、归纳和构思的过程。收集资料包含各项已知条件,能够激发设计师是灵感。在资料整理时,对那些在脑海闪现的灵感都要记录下来,它们很可能进一步转变成一个具有创新性且可以实施的想法。在收集资料的时候要有的放矢,并不是全部的资料都有用。要把收集的重点放在甲方需求、场地条件、灵感来源、创意元素或空间塑造的意向上。

(3)绘制基地图

任何的空间设计开始前,都要有关于基地条件和特点的图纸。甲方应该提供场地测量图及其他辅助图纸,比如别墅庭院平面图。如果甲方不能提供有效的图纸,则需要设计师进行现场测绘并绘制基地图纸。测量基地有以下三种常用的方法。

①直接测量法

直接测量法就是用尺或电子测距仪直接测量两点间的距离(见图 5-2)。

②连续测量法

选择一条基线,并在这条基线上依次读出所需数据。例如,测量一面平面为直线的墙,可以将卷尺沿墙

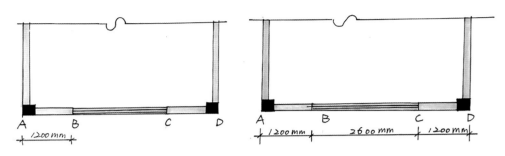

图 5-2　直接测量法(图片来源:自绘)

面拉直并放在地上,然后依次读出所有门、窗和窗间墙的尺寸(见图 5-3)。用这种方法还可以测量曲线,如图 5-4 所示。先画一条水平直线 AB,从曲面墙上的各个定位点(a',b',c',d'……)依次引垂线垂直于 AB 线,交 AB 线于 a,b,c,d……测量这些垂线到曲线的距离(aa',bb',cc',dd'……),链接各点,就可以画出曲面墙来。

　　③三角测量法

　　这种方法用于测量场地上的点,如确定一棵树的位置(见图 5-5)。现在已经定位 A、B 点,分别测量这两个点到树干的距离,利用圆规,以距离为半径作出圆,圆弧相交的点就是树的定位点。

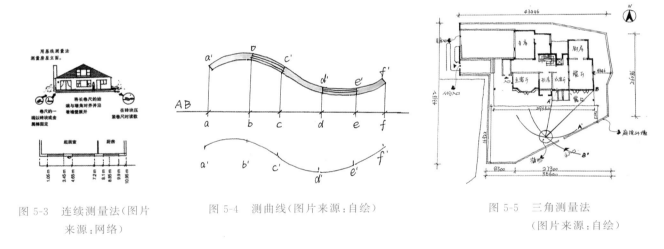

图 5-3　连续测量法(图片来源:网络)　　　　图 5-4　测曲线(图片来源:自绘)　　　　图 5-5　三角测量法(图片来源:自绘)

2. 场地调研与分析

　　从场地调研与分析阶段到正式方案的确定,所有图纸都是在硫酸纸或雪梨纸上绘制的。硫酸纸或雪梨纸是半透明的,草图可以反复的叠加,在前一张草图基础上不断改进与深化。因此,推敲阶段的图纸都要以上一张草图为依据。例如,场地调查图的绘制就可以将纸覆盖在刚画好的基地图上。

　　场地调研与分析是两个不同的阶段。场地调研是对场地现状和信息进行收集,包括场地地理气候、文化特征、庭院尺度与面积、日照与风向、建筑风格与材料和现存元素(如墙体、植被、构筑物等),如果需要将庭院局部改造还要记录其原始数据。场地分析是对场地所调查的各项信息进行合理评估,判断这些信息在方案设计时应该如何加以利用或规避。

　　(1)场地调研

　　在设计师形成自己的设计创意之前,需要对场地环境有一个了解。场地调研包括对现场的实地勘察,复查建筑尺寸。这其中要对环境及某些特殊空间予以关注,也要将场地存在的问题标注出来。在进行现场调研时,设计师要用图形笔记、照片的方式迅速记录一些信息,并标注在场地测量草图上,如图 5-6 所示,设计师对庭院所有景观元素进行测量并绘制在草图上。这是一种概念草图,符号使用上没有对错之分,只要自己可以看懂并能如实的反映所思所想即可。场地调研主要分为以下几个部分。

①场地位置

场地调研其一要确定场地的性质与用途,是属于居住区庭院、城市公共庭院还是办公性质的庭院空间,要了解场地周围用地维护状况如何(见图5-7)。其二,调研场地特征。需要设计师对场地的自然环境、历史文脉、建筑风格、使用者的行为习惯有充分的了解。比如,这个场地是毗邻城市的风景名胜区,还是地处人文圣地,建筑是何种风格,本土植被有哪些种类等都属于场地特征的调研内容。其三,场地内外的交通环境。场地红线外部是属于城市中哪种级别的道路,是城市主干道、次干道、单行道、双行道还是别墅区的内部环路,有没有噪音和粉尘的污染,一天中噪音的变化如何,交通噪声如何等。此外,场地内部的道路设计则属于方案设计范畴,但是要考虑场地内外交通联系。

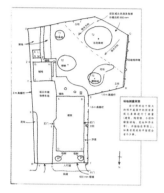

图5-6　场地测量草图　　　　　　　　　　图5-7　确定场地位置(图片来源:https://www.gooood.cn/)
　　　　(图片来源:网络)

②地形

场地内部的原始地形也是必须调研的一部分。通过调研要确定场地内不同区域的高度,以及哪些区域排水性能比较差。确定室内的完成地面和室外房屋地基周围的标高,尤其是建筑的入口。确定现存台阶、墙体、栅栏等的顶部和底部的立面高差(见图5-8)。

图5-8　确定地形高差(图片来源:https://www.gooood.cn/)

③排水系统

场地内排水系统的调差主要是确定地表排水方向(见图5-9)。排水是否是从建筑物向四边排水,落水

管道的水流流向哪里?确定积水点、积水面积以及积水的时间。确定进出场地的排水系统。场地外部的地表水是否会流向场地内部,水量是多少,通常在什么情况向流入场地内,如何控制水量。场地内部地表水会流向场外吗,会有多少等问题。

④土壤

场地内的土壤情况也要在调研中景记录,确定场地内部土壤特征(酸碱度、沙土、黏土、沙砾等),确定表土层深度和基岩深度(见图5-10)。

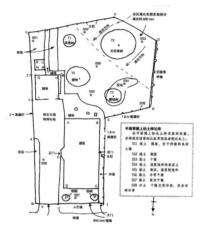

图 5-9　确定排水系统(图片来源:https://www.gooood.cn/)　　　图 5-10　收集土壤信息(图片来源:https://www.gooood.cn/)

⑤植被

识别和定位现存植物,如植物种类、大小(胸径、树冠直径、树木总高度和地面到树冠的高度)等(见图5-11)。

⑥小气候

记录场地内的小气候,主要包括光照和风向。通过调研记录四季中光照最多和阴影最多的区域,夏日西晒的区域和不受西晒的区域。一年四季的主要风向,找出场地中受到夏日微风吹拂的区域和不受影响的区域。确定场地中受到冬日寒风凌虐的区域和不受影响的区域。如图5-12所示是在绘制场地调研图中常用的表示风的方法。

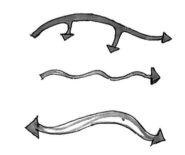

图 5-11　识别定位现存植物(图片来源:https://www.gooood.cn/)　　　图 5-12　风向符号(图片来源:自绘)

⑦现有房屋

对房屋类型和建筑风格的调研(见图5-13),有利于确定庭院风格。现在很多别墅建筑与庭院风格格格不入,作为设计师应该对甲方进行一些合理的建议与引导。要记录建筑立面材料的色彩和质感,因为房屋立面也是庭院内部的界面。建筑门窗的位置、开启方向和使用频率,以及底面(窗台或门槛的)和顶面的标高,影响院内景观的布局和视线。调研室内房间的功能以及使用频率,并且定位地下车库的通风口。定位室外元素的位置,如落水管、水龙头、插座、灯具、电表、煤气表、烘干机出口、空调室外机等。此外,还要定位并确定现有步道、台阶、踏步、墙、栅栏、泳池等的状况与材料。

图 5-13　确定建筑特点(图片来源:https://www.gooood.cn/)

⑧视野

留意从场地的各个角度望向场外的视野(见图 5-14)。不同季节景观是否有所不同,不同房屋看向室外的视野是什么,从场外望向场地的视野是什么等,如图 5-15 所示。这是在绘制场地调研中常用的表示视野的方法。

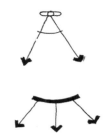
图 5-14　不同视野看庭院空间(图片来源:https://www.gooood.cn/)　　图 5-15　视野符号(图片来源:自绘)

(2)场地分析

场地分析目的是分析场地调研中的所有条件,对方案设计将会造成的影响。在场地分析过程中,设计师要尽可能地熟悉场地,并针对问题给出场地的评价,即应对策略,之后才能设计出一个适应场地的方案。

一般情况下,场地调研在场地分析之前。实际上,两个步骤通常是交互推进的。尤其是有经验的设计师,他可以对不同的场地状况本能而快速地想出对策。如图 5-16 所示,就是对根据场地分析绘制的场地评价图。

3. 功能分区

功能分区是方案构思过程中考虑最多的阶段。功能分区图也叫做功能泡泡图,是通过徒手绘制的图形符号把需要的空间和元素布置在场地中(见图 5-17)。一般来说,符号用以表示建筑的大致位置、各种功能区、人流路线和车行流线、视觉屏障和视觉焦点。甲方的功能要求和之前绘制的场地分析图,是功能分区所参考的依据。这个推敲过程是理性且具有逻辑性的,布局的时候要充分考虑所有设计要素。如果感到无从下手,可以通过以下五个步骤,逐步完成功能分区图的绘制。

(1)尺度与比例

绘制功能分区图时,设计师要对场地的总面积有明确的认识,还要知道场地所需要的各功能区的主次关系与大致尺度。可以将庭院 CAD 平面图按一定比例打印出来,在图纸上绘制合适比例的网格,将硫酸纸蒙在 CAD 图纸上进行功能分区的绘制。这样有利于在徒手绘制泡泡图(卵状的气泡)时,如图 5-18 所示,可以控制每个泡泡的大致面积。因为一个数字有时很难理解空间的尺度比例,例如 $9m^2$ 的面积只有按一定比例手绘制泡泡图,设计师才会更清楚地明白这个泡泡,面积与庭院场地总面积的关系(见图5-19)。

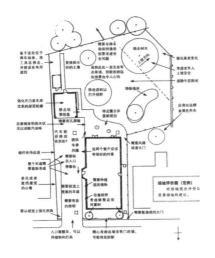

图 5-16　场地评价图(图片来源:自绘)

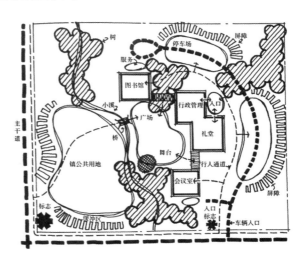

图 5-17　功能分区图(图片来源:《园林景观设计》)

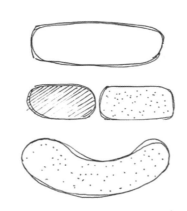

图 5-18　功能分区符号(图片来源:自绘)

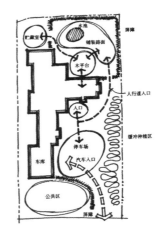

图 5-19　概念设计(图片来源:《园林景观设计》)

（2）定位

在了解庭院空间的总体尺度后,要将这些不同功能空间合理的布局在庭院空间中,就要借助之前已经完成的场地分析图。在场地分析图的基础上,设计师才能更加合理的安排空间和元素的位置。

①功能关系

每一个空间和要素定位的时候都要与相邻的空间要素相协调。例如,休闲娱乐空间常常与室内起居空间相连。它的西边可能需要适当遮挡来抵御夕晒;庭院观赏区应该放在室内看出去的核心位置;户外厨房和用餐区往往靠近室内厨房,而绝对不会放置在前门处;动静功能空间进行合理分配,尽量不要互相干扰等。

②空间大小

决定哪里要放置不同的功能要素还要看空间的大小,每个空间都必须选择合适的位置。如果对场地中的某个区域被规划的空间过大或过小,问题也随之而来。这种情况就需要重新进行功能分区,根据实际使用需要调整空间大小。

③现存场地条件

每一个空间元素定位的时候都要与场地分析恰当地联系起来。以室外休闲娱乐空间为例,布局的时候最好考虑将它放置在树荫下,面对引人入胜的场景,可以直接与室内空间相连。

（3）区域的相互作用

透明度是指空间边缘的围合程度。它影响了空间的可见度。三种形式的透明度表现方法（见图5-20）。从左到右依次为封闭边缘（不透明）、半封闭边缘（半透明）、开敞边缘（透明）。除了确切的区域，在功能分区图中还要表示出"屏障"来。屏障一般指栅栏、树篱、防护林或树林、墙、噪声屏障、悬崖、堤岸、森林边缘等生态景观边缘，常用表示方法（见图5-21）。

图5-20　透明度符号（图片来源：自绘）　　图5-21　障景符号（图片来源：自绘）

（4）流线

流线是指场地中的各种动线，如车流、人流、出入口、视野、水流等。最常用的流线是人的行进路线，简称人流，表示游园者从空间入口开始穿过各个空间的概括动线。庭院建筑与庭院的主要出入口要用箭头表示出来，以便设计师在组织人流路线的时候考虑庭院与建筑、园外的交通关系。箭头方向就是人们的是移动方向，设计师会将这些规划的连续流线来决定最主要的道路（见图5-22）。

流线的等级是表示流动路线使用频率和重要程度的指标。最常用的流线等级是主要流线和次要流线（见图5-23）。左边一列表示次要流线，如庭院中的次级道路；右边一列表示主要流线。

流线不仅仅是通行功能，它穿过功能区域的方式也非常多样，可以起到划分空间、控制人流速度的作用，如图5-24所示。说明四种穿过区域的方式。从左至右，第一种贯穿区域，园区被平均分成两部分，每个部分同等重要，也是最短的流线。第二种贴边穿过区域，保证了园区最大使用面积，功能不会被弱化。第三种类似抄近道，可以快速达到隔壁区域，但却无法进入园区的大部分地区，这种做法的目的是先抑后扬，之后还会设计其他通道进入该区域。最后一种是漫游流线，在漫游的过程中，尽赏园中美景。

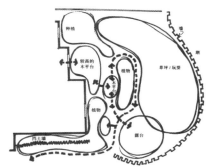

图5-22　流线表示方法（图片来源：《园林景观设计》）

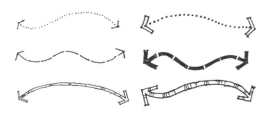 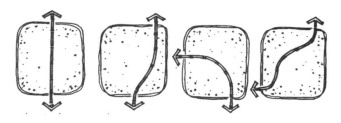

图5-23　流线等级（图片来源：《庭院景观设计》）　　图5-24　四种穿过区域的方式（图片来源：《庭院景观设计》）

（5）视野与视觉焦点

庭院设计是一项系统性设计，人们在空间中能看到什么、看不到什么在空间设计与组织中尤为重要。因此，在绘制功能分区图时，设计师要重点考虑空间中的主要视觉焦点。视觉焦点是相对于周围环境而言，具有独特视觉效果的元素。它的形式非常多样，一棵古树、一口水井、一座古塔都可以成为一处焦点，吸引游园人的视线。视觉焦点可以指向一点，也可以指向一个场地。流线不能单独设计，必须和视野、视觉共同考虑（见图5-25）。图5-25(1)的三个视觉焦点被放置在一目了然的地方，开门见山，游人不易产生空间好奇心。而图5-25(2)的三个焦点景观需要游人慢慢发现，不经意间游遍庭院。在布置视觉焦点时，切记过多散

落于空间中,会让人感到目不暇接、空间混乱没有章法。在泡泡图中,可以用下面的符号作为视觉焦点的表示方法(见图5-26)。

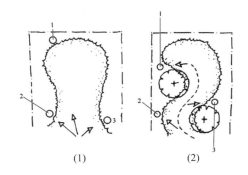

(1)　　　　　(2)

图5-25　流线与视觉焦点设计(图片来源:《庭院景观设计》)　　图5-26　视觉焦点符号(图片来源:自绘)

此外,绘制功能分区图阶段,设计师还应该考虑庭院空间中的高差设计。一些功能区域在高差上是否要抬升或下沉设计,草坪是否是微地形设计,相邻区域之间的标高时保持一致,还是有不同的标高设计等。图5-27是爱琴海花园场地功能分区图。

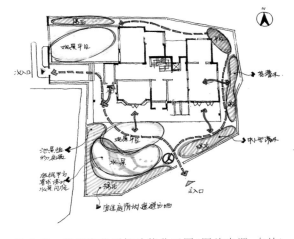

图5-27　爱琴海花园场功能分区图(图片来源:自绘)

4.构图设计

构图设计是方案设计中最重要的环节。它确定景观方案的形式,所有的材料和细部处理都得依附于这一形式中。

(1)构图的方法

在学习了庭院风格、庭院设计原理的基础上,学习构图方法并灵活运用,有利于设计师设计功能与形式相统一的方案。这一步骤是概念到形式的转变,是将功能分区图中的泡泡、符号和路线转变为具体的形状,从而构成景观空间和明确的边缘。因此,构图设计是设计所有二维平面的形状与边缘处理。设计师在功能分区中使用泡泡图限定空间,而这一步构图设计是进一步建立一个设计主题与可视觉样式。

构图设计的时候,需要用一张硫酸纸蒙在之前的功能分区图上进行绘制(见图5-28)。从概念到形式的设计是一个推敲的过程,有的设计随着设计师对方案的理解更加完善,最初的功能分区图在构图设计中可能会完全改变。

为了让初学者有章可循,设计理论家研究了历史上所有经典园林设计作品,并总结出其中的构图规律。这一规律就是通过简单的几何形或自然形构筑复杂的景观空间。最常用的几构图形式有以下几种。

●矩形构图(90°角)●八边形构图(135°角)●六边形构图(120°角)●多圆组合构图

●同心圆和半径构图●圆弧与切线构图●弓形构图●椭圆构图●自由曲线构图

同一个场地上可以用不同的构图方法衍生出多个方案(见图5-29)。网格纸的作用就是让设计师在使用几何形构图时能够准确地定位图形对象,能够精确地改变图形对象的大小。

(2)构图的形式

三张纸叠加在一起的时候,功能分区图要固定不动,而网格纸可以到处移动或者更换不同的网格纸。一个设计方案的构图可能不是唯一的,它可以既运用矩形构图,又同时运用圆形构图和自由曲线构图。初学者可以从一种构图开始,慢慢学会使用不同构图而形成和谐统一的方案。

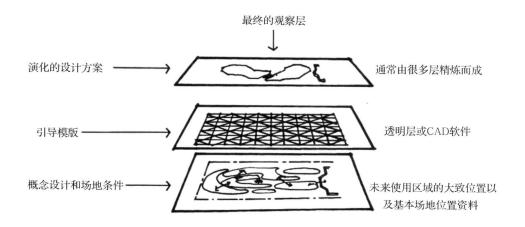

图 5-28　构图设计准备工作(图片来源:《园林景观设计》)

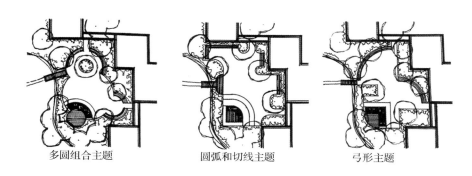

多圆组合主题　　　　圆弧和切线主题　　　　弓形主题

图 5-29　不同构图法设计的方案(图片来源:《园林景观设计》)

● 矩形构图(90°角)

矩形构图虽然看似简单,但绝不是只有初学者才能用。很多经典的庭院用的正是矩形构图。首先,让我们来制作一张矩形构图的网格纸,如图 5-30 所示。这张纸的网格可以手绘,也可以用计算机软件绘制后打印在硫酸纸上(所有的网格纸绘制都是如此,后面不再赘述)。

如图 5-31(1)所示的左图为功能分区图,图 5-31(2)为初步方案图。仔细对比不难发现,图 5-31(2)确定的形体代替了左图的泡泡图;平台、道路代替了指向符号;水池代替了视觉焦点符号;景墙代替了遮蔽物符号。因此,左侧的概念性方案代表的是抽象思想,右侧的图形代表着具体的空间设计,如图 5-32 所示。景观空间运用矩形构图的进行方案设计。矩形构图经常应用在中轴对称的方案设计中,体现均衡、平稳的空间感受,如图 5-33 所示。

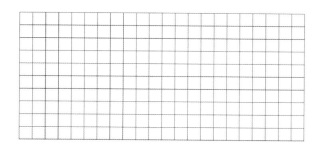

图 5-30　矩形网格(图片来源:CAD 绘制)

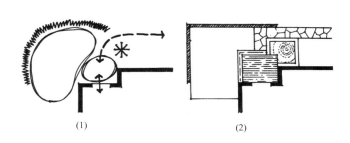

(1)　　　　　　　　　　(2)

图 5-31　矩形构图方案(图片来源:《园林景观设计》)

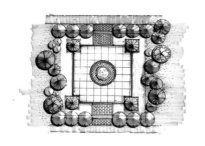

图 5-32　矩形构图方案
（图片来源：陈德鹏）

图 5-33　矩形构图实际应用(图片来源：https://www.gooood.cn/)

● 八边形构图（135°角）

多角形构图比矩形构图能够带来空间的动感，八边形构图（135°角）也能用准备好的网格线完成概念到形式的跨越。把两个矩形网格线以45°相交就可以得到基本的网格，如图 5-34 所示。在网格中绘制八边形构图方案，应该注意线条之间的平行关系，当线条要改变平行关系应该保持 135°角、90°角，避免形成 45°角，如图 5-35 所示。左侧的方案保持 135°角空间舒适，右侧方案出现 45°角产生锐角空间难以利用，如图 5-36 所示。这是运用八边形构图的进行的方案设计。如图 5-37 和图 5-38 所示，显示了八边形构图在方案中的实际运用。

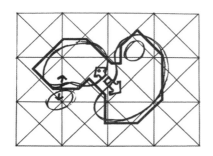

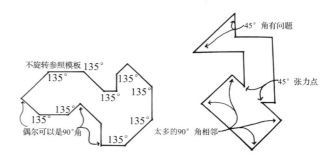

图 5-34　八边形网格与概念图配合使用
（图片来源：《园林景观设计》）

图 5-35　避免出现 45°角(图片来源：《园林景观设计》)

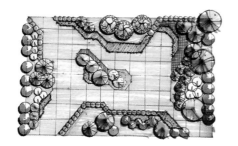

图 5-36　八边形构图方案
（图片来源：陈德鹏）

图 5-37　八边形构图实际应用(图片来源：https://www.gooood.cn/)

● 六边形构图（120°角）

作为参考图案，这个主题可以看作是以 60°角等边三角形或者六边形组成的网格（见图 5-39 和图 5-40）。为一个方案的功能泡泡图，将网格覆盖在这张泡泡图上，一个六边形为构图形式的方案可以被绘制出来（见图 5-41）。在六边形构图过程中，注意角度保持 120°角，避免出现 60°角。如图 5-42(1)所示空间组织有利于

图 5-38　八边形构图实际应用(图片来源：https://www.gooood.cn/)

使用,图 5-42(2)出现锐角空间则不利于使用。利用六边形可以绘制具有动感流动的空间,如图 5-43 至图 5-46 所示。

图 5-39　六边形网格(图片来源：《园林景观设计》)

图 5-40　方案泡泡图(图片来源：《园林景观设计》)

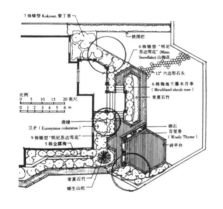

图 5-41　六边形构图(图片来源：
《园林景观设计》)

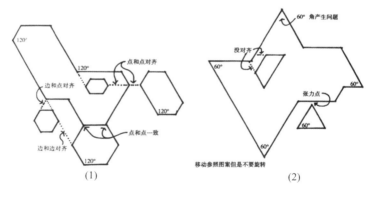

(1)　　　　　　　　　　(2)

图 5-42　避免出现 60°角(图片来源：《园林景观设计》)

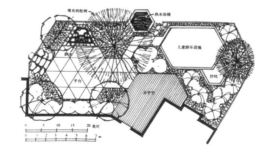

图 5-43　六边形构图 1(图片来源：《园林景观设计》)

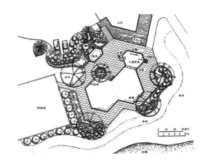

图 5-44　六边形构图 2(图片来源：《园林景观设计》)

图 5-45　六边形构图实际应用 1(图片来源:https://www.gooood.cn/)

图 5-46　六边形构图实际应用 2(图片来源:https://www.gooood.cn/)

● 多圆组合构图

圆形给人统一、完整、简洁的感受。单个圆形空间突出简洁,多个圆形在一起有相切、相交、相套等不同的组合形式,达到更为丰富的空间。在圆形构图中,应该避免两个圆形小范围的相交,这样容易产生锐角空间并不利于使用(见图 5-47)。在侧图圆形大范围相交便于利用,右侧出现锐角空间不利于使用(见图 5-48)。这是运用多圆构图形式设计的景观空间方案。下面展示了一些运用多圆组合构图的景观实景图片,通过设计标高、台阶、花坛、挡土墙等立面元素,丰富三维空间形态(见图 5-49 和图 5-50)。

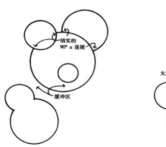 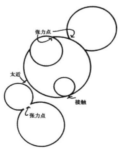 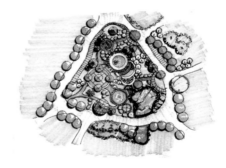

图 5-47　避免小范围圆形相交、相切(图片来源:《园林景观设计》)　　图 5-48　多圆构图方案(图片来源:陈德鹏)

● 同心圆和半径构图

同心圆的网格像"蜘蛛网"一样(见图 5-51)。层层相套的圆形加强了圆心的向心性,因此,同心圆构图适用于集中式构图。具体使用步骤是,将功能分区图铺在网格纸的上面(见图 5-52),然后根据功能分区图所显示的尺寸和位置,结合网格特征,绘制实际物体平面图,注意绘制的线条必须是从圆心发出的射线或弧线(见图 5-53),最后擦去某些线条简化构图,与周围元素形成 90° 角度的连线,如图 5-54 和图 5-55 所示。这是运用同心圆构图进行的景观方案设计。以下列举了用同心圆和半径构图设计实例,如图 5-56 和图 5-57 所示。

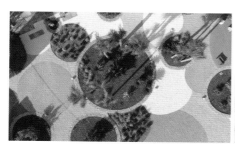

图 5-49　多圆构图实际应用 1(图片来源:https://www.gooood.cn/)

图 5-50　多圆构图实际应用 2(图片来源:https://www.gooood.cn/)

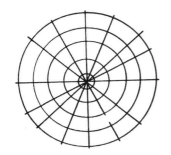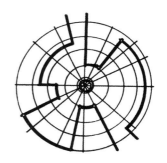

图 5-51　同心圆网格(图片来源:　　图 5-52　网格与功能分区图配合使用　　图 5-53　确定平面图
　　　《园林景观设计》)　　　　　　(图片来源:《园林景观设计》)

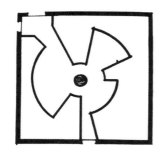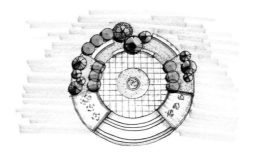

图 5-54　简化构图　　　　图 5-55　同心圆构图方案 1(图片来源:陈德鹏)

● 圆弧与切线构图

矩形构图有时候比较生硬,尤其是与自然元素衔接的时候会突显出来。所有的时候将矩形的直角转变成圆角,构图会呈现一种柔和的效果。如图 5-58 所示,直线和圆形相切并且与半径成 90°夹角就形成切线。比如设计红线是一个多边形,在拐角处绘制不同尺寸的圆,如图 5-59 所示,使每个圆形的边和直线相切。绘制圆弧和切线组成的图形,如图 5-60 所示,进行平面设计、利用各种设计元素,使空间丰富起来,如图 5-61 所示。如果这种构图设计的空间还是过于呆板,还可以将前面绘制的圆形沿着不同方向推动,然后把对应

图 5-56　同心圆构图实际应用 2(图片来源：https://www.gooood.cn/)

图 5-57　同心圆构图实际应用 3(图片来源：https://www.gooood.cn/)

的切线画出来，使之看似一些围绕轮子的传送带，如图 5-62 所示，最后形成较为灵活的流线形式，如图 5-63 和图 5-64 所示，是运用圆弧与切线构图的进行的景观方案设计。以下列举了圆弧与切线构图设计实例，如图 5-65 所示。

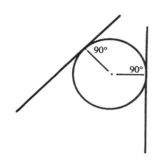
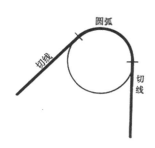
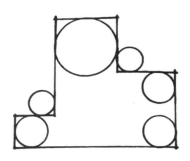

图 5-58　直线与圆(图片来源：《园林景观设计》)　　　　　　图 5-59　绘制圆形(图片来源：《园林景观设计》)

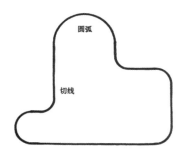
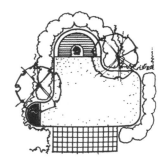
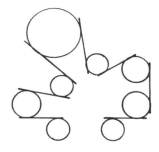

图 5-60　绘制边线　　　　　　图 5-61　设计平面　　　　　　图 5-62　推拉圆形

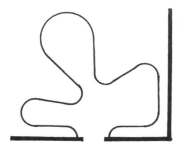

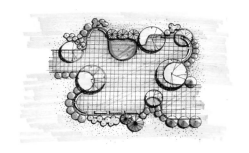

图 5-63　绘制流线　　　　　　　　图 5-64　圆弧与切线构图方案（图片来源：陈德鹏）

图 5-65　同心圆构图实际应用（图片来源：https://www.gooood.cn/）

● 弓形构图

　　弓形构图就是将一个完整的圆形分割为半圆、1/4 圆或馅饼形状的一部分，如图 5-66 和图 5-67 所示。可以沿着水平和垂直方向移动形成新的图形，就是将一个完整的圆形，通过分割、分离，复制、扩大或缩小的方式改变图形（见图 5-68）。根据概念性方案，如图 5-69 所示，进一步决定分割图形数量、尺寸和位置。沿着同一边滑动这些图形，合并一些平行的边，使这些图形得以重组（见图 5-70）。然后绘制轮廓线，擦去不必要的线条，简化构图。增加连接点或出入口绘出图形大样，如图 5-71 和图 5-72 所示，运用弓形构图的进行景观方案设计。下面的案例展示了以弓形为主旋律的空间设计效果（见图 5-73）。

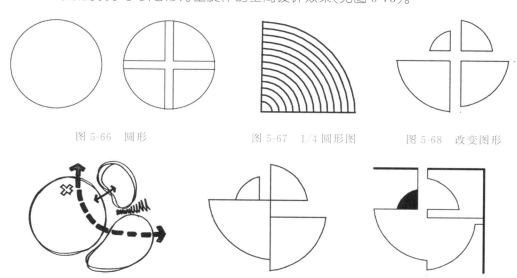

图 5-66　圆形　　　　　图 5-67　1/4 圆形图　　　　图 5-68　改变图形

图 5-69　概念性方案　　　图 5-70　重组图形　　　图 5-71　简化构图

图 5-72　弓形构图方案(图片来源:陈德鹏)　图 5-73　弓形景构图实际运用(图片来源:https://www.gooood.cn/)

● 椭圆构图

无论是多个椭圆是相套关系还是相切关系,构图原则和圆形构图是一致的。但圆形的张力是所有方向相等,而椭圆的张力则集中在长轴方向。椭圆能单独使用,也可以组合在一起,或和圆形组合在一起。如图 5-74和图 5-75 所示,与圆形构图相比,椭圆除了拥有严谨的数学排列形式以外,增加了更多的动感。如图 5-76 所示,是运用椭圆形构图进行的景观方案设计。如图 5-77 所示,为椭圆形构图在空间中的实际运用。

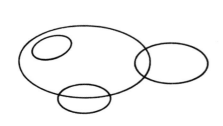 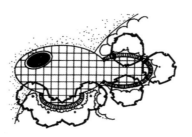 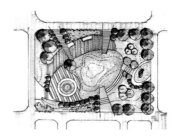

图 5-74　椭圆形组合　　　　　　图 5-75　椭圆构图　　　　　图 5-76　椭圆形构图方案
　　　　　　　　　　　　　　　　　　　　　　　　　　　　　　　　(图片来源:陈德鹏)

图 5-77　椭圆构图实际应用(图片来源:https://www.gooood.cn/)

● 自由曲线构图

自由曲线蜿蜒曲折是自然界最常见的形态,在景观空间中也被广泛地使用(见图 5-78)。从功能上看,自由曲线非常适合表达空间中的自然元素,比如驳岸、水体、植被、园路等。从空间上看,自由曲线能够塑造层次丰富、幽静神秘的景观空间。在中式庭院中,园路大多运用自由曲线塑造曲径通幽的空间感受(见图 5-79)。运用自由曲线构图时,要绘制具有张力的曲线,如图 5-80(1)所示。而避免绘制出一条软绵绵的曲线,如图 5-80(2)所示。

以上所有的构图形式只有在设计实践中不断练习才能游刃有余,尤其是当几种构图形式综合运用时,既要保留每种构图的特点又要避免冲突,在各种形式的张力点相互抵消。如图 5-81 所示,才会比较和谐而不凌乱。如图 5-82 所示,运用自然曲线构图进行景观方案设计。

图 5-78　自然界的曲线(图片来源:https://www.baidu.com/)

图 5-79　自然曲线的实际应用

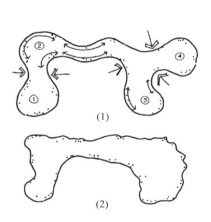

图 5-80　自由曲线构图

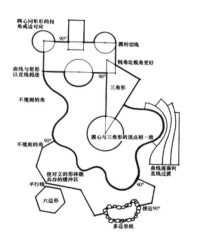

图 5-81　多种构图组合

5. 初步方案设计

构图设计之后就要进入初步方案设计阶段。一般来说,在校学生的设计深度基本上就到此为止。之后的方案深化和施工图设计大多是在公司中接触实际项目时完成的,比如爱琴海花园项目,通过 Sketchup 的设计方案图(见图 5-83)和运用 AutoCAD 绘制的平面网格图(见图 5-84),分别显示方案设计与深化设计的不同。

构图设计基本上已经完成了方案的形式与功能,初步设计是对方案的进一步细化。同时,这也是方案从二维平面到三维空间的塑造过程。如图 5-85 和图 5-86 所示,就是运用软件对爱琴海花园的三维空间进行塑造。在这一步中,设计师要运用地形、植物、墙体、台阶、构筑物等元素来形成整体环境。

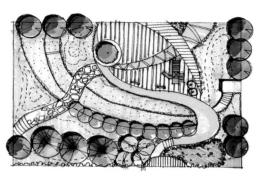

图 5-82　自然曲线构图方案
（图片来源:陈德鹏）

图 5-83　爱琴海花园方案设计
（图片来源:陈德鹏）

图 5-84　爱琴海花园平面网格图
（图片来源:陈德鹏）

图 5-85　庭院效果图 1(图片来源:陈德鹏)

图 5-86　庭院效果图 2(图片来源:陈德鹏)

任务二
案 例 分 析

下面以江苏省溧阳市戴埠镇竹舍里民宿改造设计项目为例,从调研与分析、草图设计、平面图设计、剖立面图设计、方案汇报五个部分详细介绍初步方案设计流程。

(1)调研与分析

通过田野调查的方式对设计基地进行分析,包括项目区位、核心诉求、旅游资源、现存建筑、现有水资源、植被、光照等内容进行分析,对溧阳戴埠镇整体历史文化和场地文化进行探究。此外,还要进行平行案例比较研究,准确定位该场地的设计主题,确定灵感来源。

(2)草图设计

在方案设计阶段,还需要一些草图来辅助设计和说明,用以表示场地规划、景观设计、设计理念等。如图 5-87 和图 5-88 所示,是针对溧阳市竹舍里民宿改造设计项目,绘制的概念草图。通过草图反复推敲,确定保留场地的部分建筑、庭院的尺度关系等,不断地完善设计方案。

(3)平面图设计

方案设计离不开徒手绘图和计算机绘制,方案设计之初是徒手绘制在拷贝纸上的。手绘是设计师必备技能,贯穿景观设计始终。它的特点就是线条自由、迅速、具有表现力和创造力。手绘制图是设计师思维的表达,能够及时地收集资料,抓住灵感的火花;也是培养设计师对于形态分析理解和表现方法,培养设计师艺术修养和技巧行之有效的途径。常用的绘图工具有铅笔、针管笔、签字笔、马克笔、彩铅、打印纸、绘图纸、硫酸纸、圆规、三角尺、比例尺、丁字尺等(见图 5-89)。

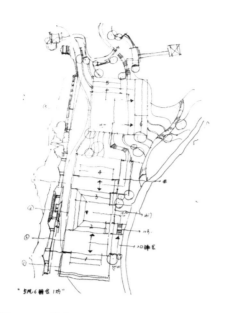

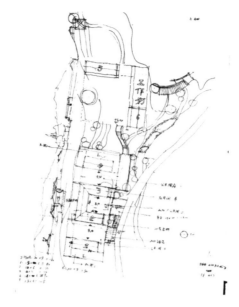

图 5-87　竹舍里概念草图(图片来源:自绘)　　　　图 5-88　竹舍里概念草图(图片来源:自绘)

平面图可以反映设计中的空间布局关系、交通关系、植被、水体、地形等。它是对象在平面上的垂直投影,可以表示物体的尺寸、形状、色彩、高度、光线及物体间的距离。绘制平面图,就是将场地中的不同元素、细部位置及大小标示于图面上,比如道路、山石、水体、地形等。通过拷贝纸的半透明性,一层层修改,直到方案确定,运用 AutoCAD 绘制详细平面图,结合 Photoshop 进行填色。如图 5-90 所示,竹舍里民宿改造设计平面图,图边配以设计说明:竹舍里民宿设计分为自然景观区、民宿住宿区两大部分。自然景观区包括富金绿洲、观景栈道、听风亭、环湖跑道等生态休闲景观节点,民宿区包括竹本院、竹心院、竹影院、竹语院和竹艺院五大特色住宿环境。竹舍里民宿规划,不仅提升村落景观,而且营造了生态绿色、特色文化的居住环境。

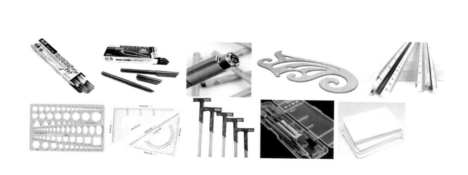

图 5-89　常用绘图工具(图片来源:自摄)

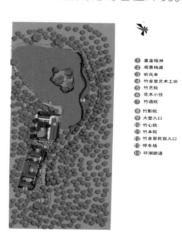

图 5-90　竹舍里民宿平面图

(图片来源:自绘)

通常方案设计应包含下列各项。

基地红线和相邻的街道。

建筑外墙,包括门和窗,不必绘制室内的布局,只要标明建筑物内不同房间的名称即可。

剖切符号是表示图纸中剖视位置的符号。剖切符号应由剖切位置线及看线组成,均应以粗实线绘制。剖切位置线的长度宜为 6mm～10mm;看线应垂直于剖切位置线,长度应短于剖切位置线,宜为 4mm～6mm。绘制时,剖切符号不应与其他图线相接触。剖视剖切符号的编号应采用阿拉伯数字,按顺序由左至右,由下至上连续编排,并应注写在剖视方向线的端部,具体表示方法会在剖立面图中详细讲解。

用正确的图示和质感绘制出设计元素(元素绘制方法详见任务三及图 5-91 至图 5-97)。

● 植物元素(见图 5-91 和图 5-92)。
● 水景元素(见图 5-93 和图 5-94)。
● 硬质元素(见图 5-95)。
● 材料元素(见图 5-96)。
● 室外家具元素(见图 5-97)。

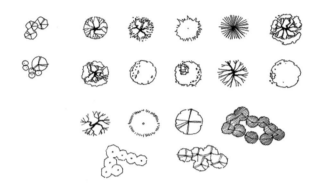

图 5-91 植物元素 1(图片来源:自绘)

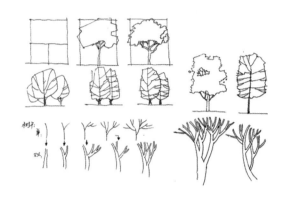

图 5-92 植物元素 2(图片来源:自绘)

图 5-93 水景元素 1(图片来源:自绘)

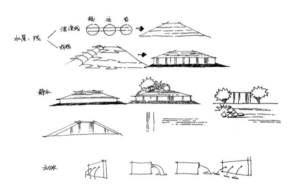

图 5-94 水景元素 2(图片来源:自绘)

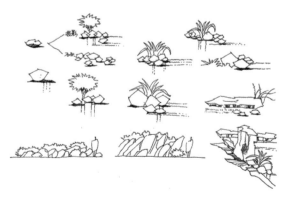

图 5-95 硬质元素(图片来源:自绘)

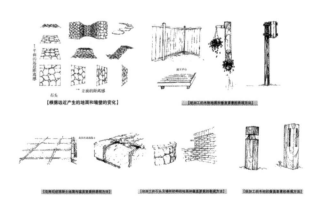

图 5-96 材料元素(图片来源:书籍)

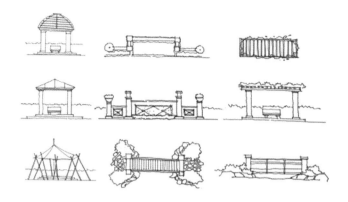

图 5-97　室外家具元素（图片来源：自绘）

除此之外,方案设计还要在平面图上注明以下文字和尺寸内容。

● 标题。

● 设计说明。

● 尺寸线。

● 区域功能的文字说明,诸如:休闲娱乐区、烧烤区、观赏区、运动区等。

● 铺装材料和其他构筑物的材料,比如亭、廊架、景墙等。

● 植物材料要标明类型和大小,最好初步确定树种,如约 7m 高的高雪松。

● 用等高线或标高线标明地面上的高差设计。

● 注明指北针和比例。

● 有助于向甲方解释图纸的其他标注。

对大多数非设计专业的人士而言,图形、线条和色彩所传递的图纸并不容易被理解。因此,图纸必须借助一些文字标注、尺寸和标题来说明设计。文字表示时,设计师要仔细考虑文字的构图、尺寸、位置和美观性。因为它也是图纸的一部分。手绘标题和副标题可以用马克笔书写,宽头马克笔手绘字体能给图纸带来独特的亮点,让它具有自己的风格并让方案陈述显得人性化。常用的马克笔数字和字母(见图 5-98)。

(4)剖立面图设计

剖立面图简称剖面图,假想用刀剖切图面。剖面图就是对截断的垂直面部分的内容进行说明的图面。如果有一把巨大的砍刀将地形垂直地切开,将两片分开后,一个截断面就出现了(见图 5-99)。被刀子切开的表面是个真正的剖面,这个表面之前或之后的东西都没有显示,如图 5-100 所示。图 5-100 中剖立(C)面就是被剖开的地坪线(A)与被看到的立面景观(B)的合并。

图 5-98　数字和字母表达（图片来源：书籍）

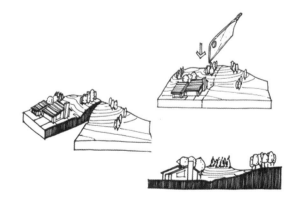

图 5-99　剖面图概念示意（图片来源：书籍）

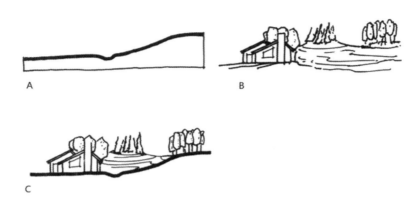

图 5-100　剖面图概念示意(图片来源:书籍)

　　剖面图显示的是被切的表面或侧面轮廓线,以及在剖面线前一段距离内相同比例的所有元素。设计师可以自行决定要表现剖面线前的哪些要素,通常较近的物体会用较深的线条来表现并且绘制详细,较远的物体则用较轻的轮廓线概括的表现。景观剖立面图有三个不可或缺的特性:一是具有明显的剖面轮廓线,二是同一比例绘制的所有垂直物体,无论它距此剖面线多远,三是在平面图上应该注明剖切符号(见图 5-101)。剖面图一般选择方案中最精彩部分来表现,其数量也要根据具体的图纸来决定。剖立面图的图名应与平面图上所标注的剖切符号的编号一致,如 1—1 剖立面图、2—2 剖立面图等。此外,剖立面图上还要注明标高。表示高度的符号称"标高",可注写在图的左侧或右侧,数字应以 m 为单位。宜取本楼层室内装饰地坪完成面为±0.00。正数标高不注"+",负数标高应注"-",如 5.00、-0.30。竹艺院剖面图标注如图 5-102 所示。

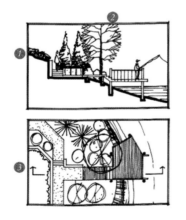

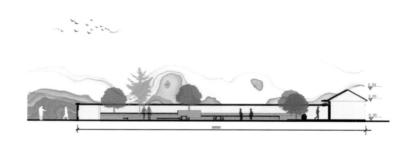

图 5-101　剖面图三个特性(图片来源:书籍)　　　　图 5-102　竹艺院剖面图标注(图片来源:自绘)

　　(5)方案汇报

　　方案设计出来后要编制文本向甲方汇报。它不仅是设计师向甲方汇报方案的过程,而且是进一步体会甲方需求的过程。因此,在初步设计阶段通常会设计 2~3 种不同类型的方案供甲方选择。汇报过程首先是场地调研、平行案例研究、场地问题、解决方法等前期调研部分;其次,阐述设计理念、功能分区、路线设计、平面图、剖立面图、鸟瞰图及效果图等图纸部分;最后,灯光设计、室外家具、植物配置、色彩规划、材料设计等系统设计部分。文本的制作应该具有严谨的逻辑,时间节奏控制妥当。更重要的是要让甲方在比较短的时间内了解设计师的想法、设计效果,并且了解功能布局与问题解决的方法,必要的时候可以通过漫游动画或 VR 虚拟现实的方式,增强甲方直观感受。

　　方案汇报的内容归纳起来大多包含以下几项。

　　汇报名称:注明项目的名称,或者此次汇报的主题以及承接单位的名称。

设计理念:作为方案汇报,需要在一开始的时候就说明设计理念。例如,竹舍里民宿改造设计,充分利用场地得天独厚的自然环境,将竹文化与院落文化相结合为设计特点,通过取竹子的声音、色彩、生灵、光影、艺术品和饮食为创意点,采用适当的意向图片等将汇报的思路引入正题(见图5-103)。

总平面及鸟瞰图:为了达到思路清晰、逻辑分明的目的,通常汇报形式是由总体到局部,由大到小的方式逐步展开。即从平面开始,如图5-90所示。标注设计说明和节点名称,让人一目了然。通过鸟瞰图可以详细展示空间特点与设计概念(见图5-104)。

图5-103　竹舍里灵感意向图(图片来源:自绘)　　　　　图5-104　竹舍里民宿鸟瞰图(图片来源:自绘)

局部平面图及剖立面图:接下来要做的是进一步介绍详细设计,比如民宿景观中各个庭院的平面图、剖立面图等。运用Sketchup对方案建模与推敲,让甲方理解各个空间的主题与细节。这一步需要运用Sketchup中的剖切工具,结合Photoshop制作剖立面图。也可以配上考察时的现场图,做改造前后的对比,更为直观(见图5-105至图5-107)。

图5-105　竹舍里入口立面图(图片来源:自绘)

图5-106　竹舍里竹艺院立面图(图片来源:自绘)

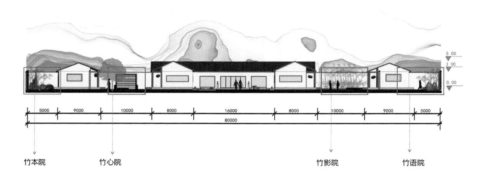

图 5-107　竹舍里剖立面图(图片来源:自绘)

效果图:这一阶段是展示设计成果的阶段,通常使用 Sketchup 建模软件和 Lumion 渲染软件,结合 Photoshop 后期处理的方式,如图 5-108 和图 5-109 所示;也可以直接使用 Photoshop 软件对场地进行效果图的制作(见图 5-110 和图 5-111)。

图 5-108　竹本院效果图(图片来源:自绘)

图 5-109　竹艺院效果图(图片来源:自绘)

图 5-110　庭院初步模型(图片来源:黄紫月)

图 5-111　庭院后期效果图(图片来源:黄紫月)

意向图:由于时间、精力和成本的考虑,不可能所有区域都绘制效果图,因此,意向图就不失为一个不错的说明方式。针对确定的细部处理给出意向图,说明材料质感、色彩搭配、陈设家具等(见图 5-112 和图 5-113)。

系统设计:庭院设计是一项综合性设计,不仅包括场地调研、方案设计,而且包括系统设计。系统设计主要针对植物配置、驳岸处理、构筑物、户外家具等方面,根据项目大小和性质不同,系统设计包含内容略有不同(见图 5-114 和图 5-115)。

图 5-123　某公园总平面尺寸定位图(图片来源:杨晓娟)

图 5-124　某公园总平面竖向设计图(图片来源:杨晓娟)

● 场地的标高(包括现状与原地形标高,微地形的顶标高等),排水方向、坡度等,排水口位置等。

● 水体标高(水面标高、水底标高、堤岸标高等),涉及有水位变化的水体,还需要标明常水位、最向水位、最低水位等。

● 建构筑物的室内外标高,出入口标高等。

● 道路转折点的定位及标高、坡度(横坡、纵坡)。

● 绿地高程和景观微地形的等高线,一般采用等高距为 0.2m～0.5m 一根的等高线进行设计。

对于地形复杂、面积较大的场地,使用相对标高的还需注明相对标高与绝对标高的关系,以及使用的何种坐标系。必要时还需增加土方调配图,一般使用 2m×2m～10m×10m 的方格网表示,注明各方格点原地面标高、设计标高、填方和挖方工程量高度,列出土方平衡表等。在重点地区、坡度变化复杂的地段,需要增加剖面图以清晰地标明场地标高变化的关系。

除此之外,还有总平面物料图,主要在总图中反映出不同的场地所采用的铺装材料、颜色、尺寸、范围等,公园主入口物料图(见图 5-125)。

相对于以上的总图设计,植栽设计图则可以说是相对独立的一套图纸。有些时候也会笼统地将总图分为硬景设计和软景设计。软景设计就是指植栽设计,影响着景观设计的优劣。植栽配置的好坏往往会直接影响到最终的景观效果,尤其对于庭院景观来说尤为重要。

植栽设计总图通常又分为乔木配置(见图 5-126)。灌木配置图(见图 5-127)。复杂的景观设计项目还需要单独出一张中木配置图。此外,植栽设计说明(见图 5-128)和苗木表(见图 5-129)是施工单位采购苗木的重要依据。

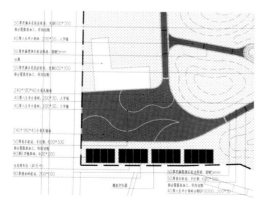
图 5-125　某公园主入口平面物料图(图片来源:杨晓娟)

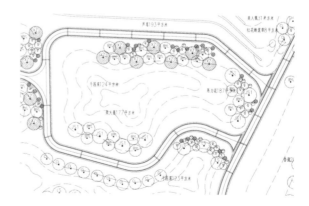
图 5-126　乔木配置图(图片来源:杨晓娟)

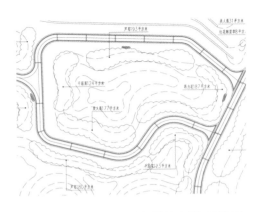

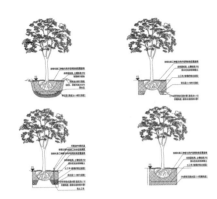

图 5-127　灌木配置图(图片来源:杨晓娟)　　　　图 5-128　植载设计说明图(图片来源:自绘)

序号	图例	品种	规格(单位:cm)	数量	单位	备注
1		国槐	∅6-8h450-500		株	
2		雪松	∅20-30h550-600		株	
3		银杏	∅4-6h350-450		株	
4		臭椿	∅6-8h450-500		株	
5		榆树	∅4-6h350-450		株	
6		合欢	∅4-6h350-450		株	
7		侧柏	∅6-8h450-500		株	
8		七叶树	∅4-6h400-450		株	
9		栾树	∅6-8h450-500		株	
10		玉兰	∅4-6h300-350		株	
11		樱花	∅4-6h300-350		株	
12		蜡梅	∅3-4h250-300		株	
13		垂丝海棠	∅3-4h250-300		株	
14		鸡爪槭	∅3-4h200-250		株	
15		贴梗海棠	8-10枝/丛		株	
16		紫玉兰	100-120×100-120		株	
17		白鹃梅	80-100×80-100		株	

序号	图例	品种	规格(单位:cm)	数量	单位	备注
18		迎春	60-80×60-80		株	
19		紫藤	∅3-4L350-450		株	
20		红瑞木	8-10枝/丛		株	
21		紫荆	∅4-6h200-250		株	
22		丁香	100-120×100-120		株	
23		凤尾兰	60-80×60-80		株	
24		大叶黄杨球	100-120×100-120		株	
25		木绣球	100-120×100-120			
26		连翘	30-40×30-40		m²	
27		铺地柏	30-40×30-40		m²	
28		大叶黄杨	25-30×25-30		m²	
29		金叶女贞	25-30×25-30		m²	
30		瓜子黄杨	25-30×25-30		m²	
31		红叶小檗	25-30×25-30		m²	
32		五色苋	20-25×20-25		m²	
33		二月兰			m²	播种
34		冷季型草			m²	混播(剪股颖、草地早熟禾、结缕草)

图 5-129　苗木表示意图(图片来源:自绘)

　　植栽设计的主要内容是标有各种植物名称和方格网定位的植栽总图。景观空间中的自然式种植需要用方格网来控制每株植物的距离和位置,方格网的大小与总图方格网定位图一致,通常采用 2m×2m～10m×10m 的尺寸。以实际距离尺寸为准,标注出各类植物名称与数量。上木配置图主要是指乔木配置,以"棵"为单位进行数量统计;下木配置图是指灌木配置,以面积为单位进行数量统计。古树名木或场地树种保留要表明位置,如果植物周边有构筑物或者地下管线,需要标明植物与构筑物、管线的距离。

　　除了平面图以外,植栽设计还要汇总植物品种编写苗木表,并进行植栽设计说明。在苗木表中,按照乔木、灌木、花卉、地被等进行分组编制,包括植物品种名称、拉丁名、单位、数量等,还要标注规格:包含胸径、高度、蓬径、干径等。胸径以 cm 为单位,保留到小数点后一位;蓬径(冠径)、高度以 m 或者 cm 为单位,保留到小数点后一位。

　　这些图纸属于土建的范畴,是景观设计师必须绘制的图纸。此外,还有管线图和结构图是由水电设计师和结构设计师负责绘制的。管线图主要包含给排水设计图、电气设计图(强电、弱电)等。如果场地中没有大量的景观构筑物,结构图则只占到很小的比例,有时会附在景观详图中进行设计。

　　扩初和施工图阶段还有一项重要的内容就是概预算。在扩初阶段,通常进行工程概算工作。而施工图阶段,则需要进行工程预算的工作。概预算是建设单位确定工程总造价的直接依据,是施工企业编制施工计划的依据,也是进行施工招投标的必要内容。据此,建设单位才能合理地结算工程款项,这项工作通常由概预算工程师配合完成。

③详图设计

总图工作完成后,进入详图设计部分。详图主要解决各具体的景观节点(如广场、交叉口等)、景观小品、铺装细部设计的问题。通俗地讲,就是不能在总图中表示的景观设计内容,都需要通过详图设计来进行表示。详图设计通常包括的类型有平台、栈道、汀步、铺装、坐凳(见图 5-130 和图 5-131)等,台阶(见图 5-132)、花架(见图 5-133 和图 5-134),景亭、景墙、各类构筑物等。一般详图的内容主要包含如下一些。

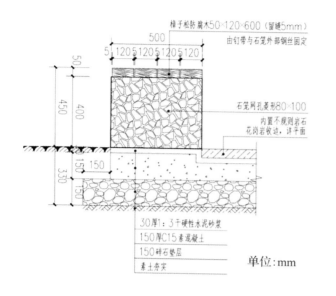

图 5-130 挡土墙条形坐凳详图(图片来源:自绘)

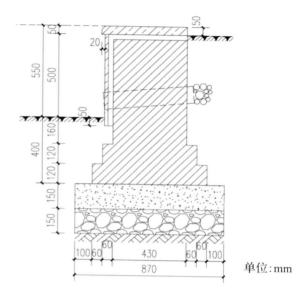

图 5-131 石笼坐凳详图(图片来源:自绘)

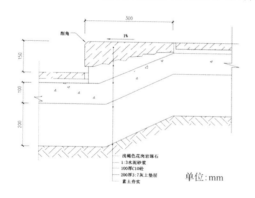

图 5-132 台阶剖面详图(图片来源:自绘)

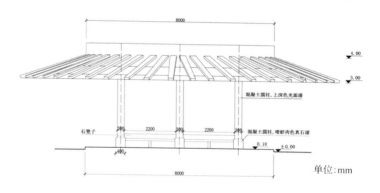

图 5-133 弧形花架立面图(图片来源:自绘)

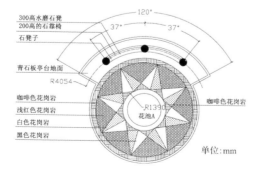

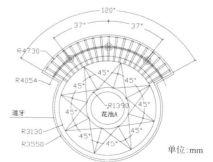

图 5-134 弧形花架详图(图片来源:自绘)

- 平面图：平面定位、外形轮廓控制尺寸、铺装材料等。
- 立面图：标注高度、宽度、表面材料材质等。
- 剖面图：标注主要的控制点标高。
- 放线依据。
- 节点详图。
- 构造详图。

景观扩初和施工图设计实际上是从宏观控制到微观控制的过程。从总图到详图，一步一步深入，在这个过程中，需要反复的推敲、复核。有时，进入详图设计阶段时，还会发现总图不合理之处，这就需要再返回去修改总图。在这个过程中，景观设计师也将对场地有了进一步的理解。很多时候，施工图和最初的方案有一定的差异。为了能最终达到良好的效果，就需要方案设计人员和施工图设计人员充分沟通与合作。

项 目 小 结

○　　　○　　　○　　　○　　　○

通过学习，学生能够掌握庭院设计步骤，根据前期调研进行合理的功能分区，在此基础上，灵活运用构图设计方法，实现概念到形式的转变，形成方案设计。通过扩初图、施工图，使方案能够顺利施工。

Tingyuan Sheji

项目六
技能竞赛型庭院设计

> **内 容 概 述**

　　以高等职业院校技能大赛园林景观设计与施工赛项为例,解读技能竞赛型庭院设计目标与要求,并通过竞赛实例,明确园林景观设计岗位及园林施工岗位职责,提高景观设计与施工水平。

> **教 学 目 标**

　　学生能够了解技能竞赛型庭院设计要求,明确庭院设计师的岗位自责与技能,以此为学习目标,不断训练自己设计与施工能力,为今后的工作做好实战准备。

> **教 学 重 点**

　　讲解技能竞赛型庭院设计要求与竞赛作品案例赏析,通过两大部分,使学生明确庭院设计师的职责,并踊跃参加此类项目,提升自我。

任务一
技能竞赛型庭院设计章程解读

　　根据园林景观设计岗位及园林施工岗位的需要,国内外都组织举办了各种类型、各种级别的关于园林绿化专业的技能大赛。以江苏省高等职业院校技能大赛——园林景观设计与施工赛项为例,竞赛的目的就是通过技能竞赛培养园林工程施工与管理技术人员,提高园林景观设计与施工的教学水平,提升人才培养质量,促进全省高职院校之间相关专业的交流,共同提高景观设计与施工水平。

1. 竞赛方式与内容

　　(1)竞赛方式

　　团体赛,每个参赛队由 1 名领队,4 名选手,2 名指导教师组成,竞赛时先由 2 名设计选手在规定时间内合作完成设计图(方案设计和施工图设计)比赛,比赛结束后施工图图纸经组委会打印,然后在指定时间发给每个参赛队的另 2 名施工选手,2 名施工选手在规定时间内合作完成施工比赛。

　　(2)竞赛内容

　　省级竞赛以 4m×5m 的小花园景观设计和施工,选手按照提供的材料和设计指标要求,对小花园场地进行设计,绘制场地设计鸟瞰图和完整的施工图一套,并将设计方案按图施工落实到施工竞赛工位。

2. 竞赛时间、设计与施工要求

　　(1)竞赛时间

　　分为两部分计时:设计竞赛 4 小时,施工竞赛 10.5 小时。

　　(2)设计要求

　　设计一个出入口和一个亲水木平台,其他设计根据提供的材料清单和指标要求,合理运用地形、水体、植物、景观小品等景观设计要素,布局合理,交通清晰流畅,构思新颖,能充分反映时代特点,具有独创性、经济性和可行性。注意乔、灌、草的合理配置。设计需满足以人为本的基本理念,符合人体工程学要求。图面表达清晰美观并符合园林制图规范,设计应符合国家现行相关法律法规。

　　施工图深度必须达到施工要求,内容见图纸内容(施工图设计部分)要求。设计选手必须将施工图中所有的定位尺寸、标高、材料等标注完整并确定无误,否则影响施工测量。设计选手在方案设计和施工图设计

完成后,须填写设计标准值,表格在比赛现场提供。设计指标要求如下:

铺装面积不大于总面积的 20%;

水体面积不大于总面积的 18%;

木作(亲水木平台、木椅、木栏杆等),与环境协调,面积不限;

建筑或小品(景墙或花坛等)占地面积不大于总面积的 4%;

植物的种类不少于 7 种。

(3)施工要求

根据施工图纸,使用工具对园林景观进行制作、安装、布置和维护。内容包括识图放样、砌筑墙体、园路铺设、种植植物、铺设草皮、制作水体、木作、进出水管安装、草坪灯安装。

3. 图纸内容

在规定时间内选用提供的 AutoCAD、Adobe Photoshop、3ds Max 或 SketchUp8、Office 等计算机应用软件进行方案的设计和展示,根据比赛指定设计环境,自主命题,完成园林景观设计方案,绘制景观设计图与施工设计图。内容至少包括以下内容。

(1)设计方案部分

鸟瞰图 1 张。

设计说明(不超过 300 字)。

(2)施工图设计部分

总平面图 1 张。

尺寸定位图 1 张、竖向标高设计图 1 张、种植设计图(包括苗木统计表)1 张。

地面铺装做法结构详图。

木作(亲水木平台、木椅、木栏杆等)结构详图。

景墙、花坛结构详图。

水、电布置平面图 1 张。

封面、目录、设计说明等。

4. 附件

(1)施工工位

总平面图及工位尺寸图如图 6-1 所示。

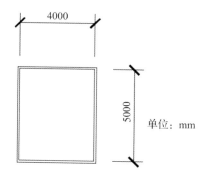

图 6-1　工位尺寸图

(2)比赛设备和工具

承办方必须为每个工位提供的设备和工具如表 6-1 所示。选手可以自备的设备和工具(见表 6-2)。

表6-1　园林景观设计与施工技能大赛设备和工具(每个工位)

序号	设备名称	型号	单位	数量
1	手持式石材切割机	13000r/min1240W 锯深 30mm	台	1(含锯片)
2	拉杆式木工斜切锯(配架子)	1675W,锯片转 1900－3000rpm,锯片孔径 30mm,锯片直径 305mm	台	3个工位共用一台
3	手持木工切割机	13000r/min1240W 锯深 30mm	台	1(含锯片)
4	手持无线充电钻	东成,Z1E－FF02－110;0－450/min、扭矩 25NM	台	2
5	多力士搅拌机	多力士,681201;850W,650r/min	台	1
6	角磨机	东成,SIM－FF05-100B;13000r/min850W	台	1
7	手推车		台	1
8	铁锹	一把圆头、一把方头	把	2
9	钻头	3mm	个	4
10	劈头	十字、配合电钻	个	2
11	耙子	园艺	把	1
12	插座	5m 线	个	1
13	泥桶		个	1
14	水桶		个	1
15	大垃圾桶		个	1
16	木夯		个	1
17	扫帚、簸箕、洒水壶等清洁工具		套	1

表6-2　选择手自备的设备和工具

序号	名称	单位	数量	参数
1	红外水平仪	台	1	等级:classⅡ、精度:±0.3mm/m、安平范围:±3°
2	砖刀	个	2	
3	抹子	个	2	
4	塑料托板	个	2	
5	铁凿	个	2	
6	木工凿	个	2	
7	美工刀	把	1	配一盒刀片
8	钢丝剪	把	1	
9	手锯	把	1	
10	铁锤	把	2	
11	橡皮锤	把	2	
12	铅锤	个	1	
13	记号笔	只	2	
14	橡皮	只	2	
15	铅笔	只	2	

序　号	名　　称	单　位	数　量	参　　数
16	墨斗	个	1	浸墨水
17	线团	个	2	
18	水平尺1	把	2	
19	水平尺2	把	2	有刻度
20	直角尺	把	1	
21	钢卷尺	把	2	5m
22	小锄头	个	1	园艺
23	工兵铲	把	1	园艺
24	园艺小铲子	把	1	园艺
25	耙子	把	1	园艺
26	修枝剪	把	1	园艺
27	手套	副	12	
28	防护眼镜	个	1	
29	隔音耳塞	个	1	
30	口罩	个	1	
31	护膝	对	1	
32	放线定位木桩	个	6	高度40cm

（3）材料

根据图纸要求，由竞赛承办方采购，具体材料如表6-3所示。

表6-3　园林景观设计与施工赛项施工部分主要提供的可选材料（每个工位）

类　别	序　号	名　　称	主要规格	数　量	备　注
植物	1	独杆石楠	高1.0m—1.5m，胸径0.03m	1株	
	2	白皮松	高1.0m—1.5m	1株	
	3	花石榴	高0.5m—0.8m，冠径0.3m—0.5m	3株	
	4	红叶石楠球	高0.3m—0.5m	5株	
	5	南天竹	高0.3m—0.5m，冠径0.3m—0.4m	10株	
	6	小叶女贞	高0.4m—0.6m，5分支	15株	
	7	草花两种	蓬径0.2m	共80盆	2种各40盆
	8	变叶木	0.4m×0.3m(高×冠)	10盆	
	9	草皮	混播草	15m²	
石材	10	花岗岩板	500mm×250mm×30mm	25块	芝麻白火烧面
	11	花岗岩板	250mm×250mm×30mm	25块	芝麻白火烧面
	12	卵石	直径2cm—4cm	10袋	100斤/每袋
	13	景石	粒径200mm—500mm	10块	黄蜡石(自然形状)
	14	花岗岩块石	500mm×250mm×200mm	3块	芝麻白(机切面)
	15	黄木纹片岩	100mm—600mm、厚40mm—80mm	2立方米	自然石墙、板凳基础可用
	16	小料石	80mm×80mm×80mm	100个	自然面,芝麻黑
	17	路沿石	500mm×120mm×100mm	30个	红砂岩
	18	砂岩板	600mm×600mm×30mm	3平方米	黄砂岩

类 别	序 号	名 称	主 要 规 格	数 量	备 注
砌筑材料	19	水泥砖	240mm×115mm×53mm	400块	
	20	轻质砖	600mm×200mm×100mm	60块	围挡或者坐凳基础
铺装砖材	21	面包砖	200mm×100mm×50mm	100块	
木材	22	防腐木面板	30mm×90mm×4000mm	20块	樟子松(尺寸误差2mm)
	23	防腐木龙骨1	40mm×70mm×4000mm	6根	樟子松(尺寸误差2mm)
	24	防腐木龙骨2	50mm×50mm×4000mm	6根	樟子松(尺寸误差2mm)
	25	防腐木立柱	85mm×85mm×4000mm	4根	樟子松(尺寸误差2mm)
灯具	26	草坪灯	36W,黑色LED灯	1个	
	27	电线	2.5电线红蓝色各1盘	2盘	25m/盘
	28	插头	三相、两相各1个	2个	
	29	电工胶布	绝缘胶布	1卷	
	30	拔线钳	多功能拔线钳	1个	
	31	穿线管	PVC管4cm,管长4m	3根	
水景	32	PVC管	管径5cm,管长4m	1根	
	33	水管	白色蛇皮管子管径4cm加厚,长25m	1盘	配相应水管卡箍
	34	潜水泵	功率40W、流量大于39L/min	1台	尺寸小于300mm×299mm
其他	35	电源插板	15孔、线长5m	1个	
	36	自攻螺丝	5cm长3盒　8cm长2盒	5盒	100个/盒
	37	铁钉	3.5cm、5.0cm各2盒	4盒	100个/盒
	38	防水塑料布	加厚薄膜	20m²	宽度4m
	39	黄沙	细砂	5袋	
	40	水泥	32.5kg	3袋	

(4)辅助工具清单

选手自带的辅助工具可以包括砖刀、抹子、铁锤、橡皮锤、铅锤、记号笔、铅笔、墨斗、线团、水平尺、直角尺、耙子、修枝剪及个人防护用品,数量不限。不准携带电动工具,根据规定电动工具由大赛组织者提供。工具箱内部尺寸不得超过0.73立方米,不包括测量设备和个人防护设备,超过上述尺寸的工具箱不得带入比赛场地。

以上清单并非硬性规定,按照各团队需求,除本文件明确要求禁止携带的工具、设备以外,还可以携带清单之外的其他设备。

5.评分方式

竞赛评分严格按照公平、公正、公开的原则。本次竞赛每个项目成绩等于设计部分和施工操作部分的总和,设计部分和施工操作部分均按照百分制计分,总分为200分。具体评分标准如表6-4至表6-6所示。

表6-4 小花园设计部分考核要点与分值(共100分)

考核内容	考核要点	分 值
方案构思	具有一定的休闲活动功能,符合设计要求	2
	布局合理,空间形式丰富,园林要素齐全	2
	构思立意新颖	1
封面	图纸布局、文字编排符合制图规范	1
目录	图名、图号、图幅等与详图对应,图号编写符合规范	1

考 核 内 容	考 核 要 点	分　值
施工设计说明	说明基址概况,分项对硬质、软质等部分进行指导性施工说明	2
总平面图	出入口位置和形式合理,道路系统畅通连贯	2
	比例正确,园林各要素尺度合理	2
	线型、图例符合制图规范	2
	文字标注正确	1
	尺寸标注正确	1
	索引图符号正确	2
尺寸定位图	尺寸标注完整、正确,能指导施工放线	2
	尺寸标注符合制图规范	2
	方格网的设置、表达正确	1
竖向标高设计图	地形设计有变化、合理	1
	自然地形用等高线表达正确,符合制图规范	2
	规则地形标高标注正确,符合制图规范	2
水电布置平面图	与总平面图、水景详图等相应	1
	给水、排水、溢水等设施表达正确,符合制图规范	2
	电路布置正确,符合制图规范	2
地面铺装图	绘制比例、线型正确,符合制图规范	1
	索引符号、详图符号和剖切符号正确,符合制图规范	1
	平面大样图的材料、尺寸标注正确	2
	结构剖面图的材料、尺寸标注正确	2
	平面大样图与结构剖面图、总平面图相符	2
	地面铺装设计功能合理、形式丰富、有艺术性	2
木作	木作材料、结构符合规范	2
	平面大样图材料、尺寸与结构剖面图、总平面图相符	2
	绘制比例正确,符合制图规范	2
景墙	景墙结构、材料符合规范	2
	绘制比例、线型、剖切符号等正确,符合制图规范	2
	平面大样图材料、尺寸标注正确,与结构剖面图、总平面图相符	3
	结构剖面图材料、尺寸标注正确,与平面大样图、总平面图相符	3
花坛	花坛结构、材料符合规范	2
	绘制比例、线型、剖切符号等正确,符合制图规范	2
	平面大样图材料、尺寸标注正确,与结构剖面图、总平面图相符	3
	结构剖面图材料、尺寸标注正确,与平面大样图、总平面图相符	3
种植设计图	乔灌草搭配合理	2
	植物数量、冠幅与提供材料相符	2
	苗木统计表规格、数量、图例等与种植设计图相符合	2
	植物定点准确无误	2
	文字标注、数据标注正确	2
鸟瞰图	能反映设计意图,内容丰富	3
	视觉效果好,色彩、透视表达美观	3
	与施工图内容一致	2
	方案设计说明	2
出图操作	图纸输出设置正确	3
	图纸版式与编排布局符合制图规范	2

续表

考核内容	考核要点	分值
团队合作	分工协作、配合默契、风格统一	2
文明操作	遵守比赛纪律,不影响别人操作	3
合计		100

表 6-5　小花园施工操作部分考核要点与分值(客观项目 70 分)

项目	评分内容	标准要求	标准分值	标准误差绝对值	标准值	实际值	实际公差	评分	备注
绿色空间布局(9分)	植物种植位置1	位置正确	2	20mm					(测植物根茎部位中心),容差±0－2cm,2;±>2－4cm,1;>4cm,0
	植物种植位置2	位置正确	2	20mm					(测植物根茎部位中心),容差±0－2cm,2;±>2－4cm,1;>4cm,0
	种植工艺	符合行业标准,植物垂直并适度修剪,植物最具美感的那面朝向花园入口	1	是\否					
	植物是否按图种植完成	全部种完	1	是\否					
	草＝皮之间的连接	坪床密实,表面平整且坡度均匀一致,草坪铺设整齐,不漏缝不重叠	2						发现一处不满足要求扣0.5分
	植物全部从容器中取出或除去土球包裹及标签	植物全部从容器中取出或除去土球包裹及标签	1	是\否					
路面(13分)	基础经过了夯实	分层夯实	1	是\否					
	铺装宽度	距离正确	2	2mm					随机抽取两处,容差±0－2mm,1;±3－4mm,0.5;>4mm,0
	铺装长度	距离正确	2	2mm					随机抽取两处,容差±0－2mm,1;±3－4mm,0.5;>4mm,0
	铺装平整度	水平	2	水平尺气泡居水平框内					随机抽一处
	铺装标高	高度正确	2	2mm					随机抽取两处,容差±0－2mm,1;±3－4mm,0.5;>4mm,0

项目	评分内容	标准要求	标准分值	标准误差绝对值	标准值	实际值	实际公差	评分	备注
路面（13分）	铺装缝隙	缝隙均匀	2	是\否					
	铺装缝隙的扫缝	缝隙全部用细砂填充	2	是\否					
景墙（7分）	基础经过了夯实	分层夯实	1	是\否					
	完成面是否水平	水平	1	水平尺气泡居水平框内					随机抽一处
	完成面高度	高度正确	2	2mm					随机抽取两处，容差±0—2mm,1;±3—4mm,0.5;>4mm,0
	墙体缝隙	错缝砌筑，无游丁走缝	1	勾缝且均匀，横平竖直，墙面上没有流淌砂浆					发现一处不满足要求扣0.5分
	墙体长度	长度正确	1	2mm					随机抽取一处，容差±0—2mm,1;±3—4mm,0.5;>4mm,0
	墙体宽度	宽度正确	1	2mm					随机抽取一处，容差±0—2mm,1;±3—4mm,0.5;>4mm,0
花池（7分）	基础经过了夯实	分层夯实	1	是\否					
	完成面是否水平	水平	1	水平尺气泡居水平框内					随机抽一处
	完成面高度	高度正确	2	2mm					随机抽取两处，容差±0—2mm,1;±3—4mm,0.5;>4mm,0
	墙体缝隙	错缝砌筑，无游丁走缝	1	勾缝且均匀，横平竖直，墙面上没有流淌砂浆					发现一处不满足要求扣0.5分
	墙体长度	长度正确	1	2mm					随机抽取一处，容差±0—2mm,1;±3—4mm,0.5;>4mm,0
	墙体宽度	宽度正确	1	2mm					随机抽取一处，容差±0—2mm,1;±3-4mm,0.5;>4mm,0

项目	评分内容	标准要求	标准分值	标准误差绝对值	标准值	实际值	实际公差	评分	备注
汀步石（9分）	基础经过了夯实	分层夯实	1	是\否					
	标高1	高度正确	2	2mm					容差±0-2mm,2;±3-4mm,1;>4mm,0
	标高2	高度正确	2	2mm					容差±0-2mm,2;±3-4mm,1;>4mm,0
	汀步间距	距离正确	2	2mm					容差±0-2mm,2;±3-4mm,1;>4mm,0
	完成面是否水平	水平	2	水平尺气泡居水平框内					随机抽一处
水景（8分）	水岸线离边界距离1	距离正确	2	40mm					在图纸标注的7个控制点随机抽取一点
	水岸线离边界距离2	距离正确	2	40mm					在图纸标注的7个控制点随机抽取一点
	溢水口标高	高度正确	2	2mm					测量溢水管口下沿内壁高程,容差±0-2mm,2;±3-4mm,1;>4mm,0
	防水膜安装正确,不漏水	无明显渗漏	1	是\否					
	水面上没有垃圾	水面干净	1	是\否					
木作（15分）	平台长度	距离正确	2	2mm					随机抽取两处,容差±0-2mm,1;±3-4mm,0.5;>4mm,0
	平台宽度	距离正确	2	2mm					随机抽取两处,容差±0-2mm,1;±3-4mm,0.5;>4mm,0
	平台平整度	水平	2	水平尺气泡居水平框内					平水尺中气泡在界限内
	木平台边缘切口	整齐且一条线	2	是\否					
	面板的缝隙	所有木板间缝隙都均匀一致	2	是\否					
	木平台标高	高度正确	2	2mm					随机抽取两处,容差±0-2mm,1;±3-4mm,0.5;>4mm,0
	平台是否完成	完成	1	是\否					未完成0分
	龙骨上的螺钉均位于一条直线上	整齐且一条线	1	是\否					
	切口是否打磨		1	是\否					有一处未打磨0分

项目	评分内容	标准要求	标准分值	标准误差绝对值	标准值	实际值	实际公差	评分	备　　注
景观灯（1分）	满足照明	满足照明	1	是\否					
水管连接（1分）	完成	不漏水、水景中水能正常循环满足使用	1	是\否					
总计			70						

注：客观项目评分标准：满足要求即得标准分值，不满足计0分。

表6-6　小花园施工操作部分考核要点与分值（主观项目30分）

项目	评分内容	标　　准	标准分值	前3小时		后3小时		平均值	评测值	备　　注
				测点1	测点2	测点3	测点4			
工作流程（10分）	场地清洁、安全、环保	整洁、有序	2							
	团队合作	配合默契、任务分配合理	2							
	工效、工作模式和物流的组织	施工组织合理，施工效率高	2							
	工具、设备和材料的使用	正确使用	2							
	个人防护	根据工作性质不同，做好防护	2							
绿色空间布局（4分）	种植技术	种植方法正确	1							
	植物种植美观	自然美观	2							
	草坪铺设	平整、自然	1							
景墙（2分）	整体外观	美观	1							
	细节	缝隙均匀、墙面整洁	1							
花池（2分）	整体外观	美观	1							
	细节	缝隙均匀、墙面整洁	1							
水景（2分）	景石布置	自然、美观	1							
	水道线性	自然流畅	1							
木平台（2分）	整体外观	美观	1							
	细节	缝隙均匀、钉子位于一条直线、美观	1							
整体效果（8分）	整体印象	园区非常优质的完成，所有部分完成得都很优秀，很大程度上加强了花园的视觉美感	2							
	施工印象	材料和工具的有效利用	2							
	绿地印象	植被配置合理，层次清晰	2							
	园地整洁	园地整洁且有条理	2							
总分			30							

注：主观项目评分的最高分为标准分，评分时以在标准分的基础上扣分的方式进行，每个扣分点为0.1分，扣完为止。

6. 评比办法

（1）裁判员人数

共 13 人，其中裁判长 1 名，现场裁判 4 名，评分裁判 5 名，加密裁判 3 名。

（2）计分方式

裁判员独立评分并提交，由裁判长组织裁判组成员进行成绩汇总，去掉最高分和最低分，取平均分作为比赛选手最终得分。

（3）设计部分成绩评定

以选手提交的电子图册成果为主，由现场裁判和评分裁判共同打分，裁判员每人一台电脑，内有所有参赛作品，供分析打分；投影仪滚动展示每个作品，便于评议。

（4）施工操作部分成绩评定

评分包含客观和主观标准，主观分的评判在比赛过程中由现场裁判对选手进行现场考评，现场打分后的考评表交仲裁监督组保存，待全部考评结束后一并汇总；客观分的评判由评分裁判员利用水平仪、激光水平仪、直尺等工具对选手的作品进行检测，并给出评判结果。

在比赛过程中，裁判员要按照分工，依据评判标准和相关要求公平、公正评判，并对每位选手各比赛阶段的评判结果签字确认。

裁判组根据参赛队提交的比赛结果，经加密裁判组处理后进行评分，成绩按照总分进行名次排列。然后经过加密裁判组进行解密工作，确定最终比赛成绩，经总裁判长审核、仲裁组长复核后签字确认。

任务二
技能竞赛型庭院设计案例赏析

根据竞赛要求，在本书与大家分享两个技能型庭院设计实例都是由江苏省高职院校的学生亲自设计、绘制、现场实施的，有利于直观的了解园林专业设计师岗位职责和竞赛要求。

1. 参赛项目——星空园（江苏农林职业技术学院 2018 年作品）

该竞赛小组作品名称为"星空园"，是以"星空逐梦"为设计理念，意为脚踏实地、仰望星空、追逐梦想。以"天圆地方"为空间布局，以圆为绘、以方为界，天圆则运动变化，地方则收敛静止。动静为水，静景为石，以七星卵石为主景，以景墙跌水为配景，以环形卵石为装饰。园路如套环式布局，选用工字型面包砖，嵌草花岗岩步石及冰裂纹碎拼。植物配置遵循高低错落、四时季相设计原则，以热情似火的红枫、南天竹象征积极乐观的生活态度，以幸福树、金森女贞寄予平安喜乐的生活愿景（见图 6-2）。

根据竞赛要求，小组绘制施工图并进行现场施工，一共包括 13 张图纸，按照图纸顺序依次为：封面、目录、设计说明及施工说明、总平面及索引图、尺寸标注图、平面定位图、竖向设计图、水电布置图、植物定点图、植物种植设计图、景墙做法详图、木平台及铺砖做法详图、步石、水池及树池做法详图（见图 6-3 至图 6-9 所示）。

"星空园"作品设计新颖，设计与施工图纸绘制规范完整，是一件优秀的竞赛设计作品。竞赛还要求根据施工图纸进行现场施工，由于比赛规范性不得拍照，就不在此一一展示。通过技能型庭院设计，对提高园林设计专业学生的设计与实践能力有很大帮助。此外，每一年还有很多概念性庭院展览可以参观，有利于设计师提高创新意识、开拓眼界、集思广益。

图 6-2　星空园方案设计

图 6-3　封面、目录

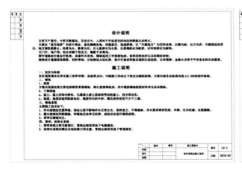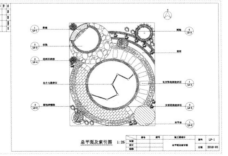

图 6-4　施工说明、总平面及索引图

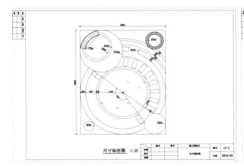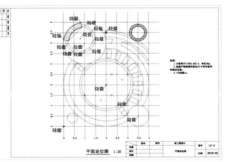

图 6-5　尺寸标注图、平面定位图

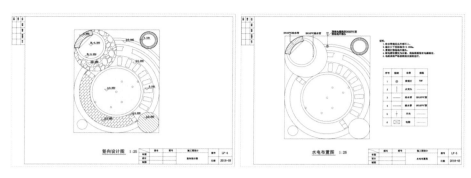

图 6-6　竖向设计图、水电布置图

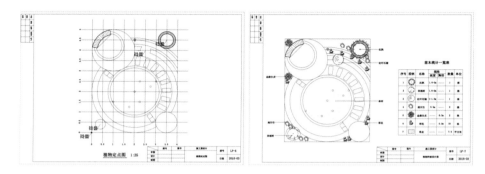

图 6-7　植物定点图、植物种植设计图

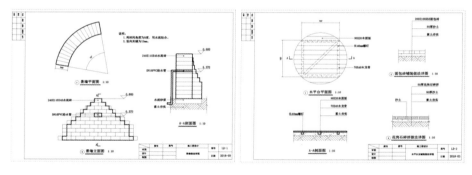

图 6-8　景墙做法详图、木平台及铺砖做法详图

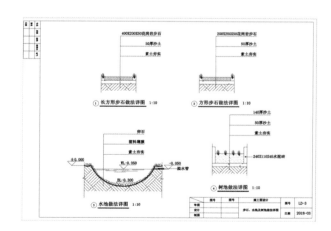

图 6-9　步石、水池及树池做法详图

2. 参赛项目——与谁园(南京铁道职业技术学院 2018 年作品)

　　该竞赛小组作品名称为"与谁园",取自苏轼的《点绛唇》一词"闲倚胡床,庚公楼外峰千朵。与谁同坐,明月清风我"。游人闲暇之余,独自漫步园中,赏春之绿意盎然,与清风流水为伴,思可将与谁同坐。庭院中以坐凳、景墙、水池为主景,形成景观轴线。坐观式新中式韵味的镂空景墙与流水,水池边缀以大卵石增加岸线的灵动。冰裂纹、卵石嵌砌都为铺地增加了亮点,汀步层层抬高,形成了一个在高点赏景的视角。植物组团式配置,乔灌草结合,根据主观赏面将较高的红枫、幸福树作为背景点缀在景墙后与坐凳边。园子虽小,却精致俱全,传承中国园林的形与魂,如图 6-10 所示。

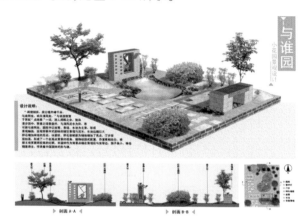

图 6-10　与谁园方案设计

　　根据竞赛要求,小组绘制施工图并进行现场施工,一共包括 13 张图纸,按照图纸顺序依次为:封面、目录、设计及施工说明、总平图、索引总平图、尺寸定位总平面图、竖向设计总平面图、网格放线总平面图、铺装做法详图、汀步做法详图、景墙做法详图、坐凳做法详图、植物配置总平面图、水电设计总平面图(见图 6-11 至图 6-17)。

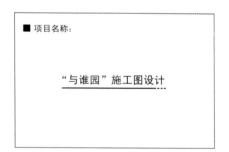

图 6-11　封面、目录

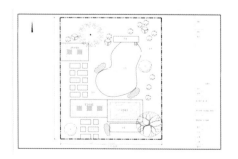

图 6-12　设计及施工说明、总平图

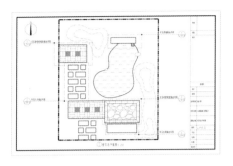
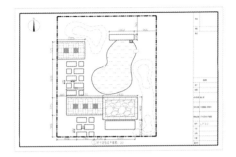

图 6-13　索引总平图、尺寸定位总平面图

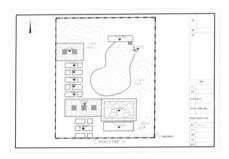
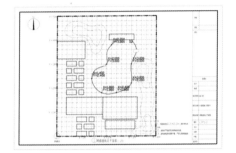

图 6-14　竖向设计总平面图、网格放线总平面图

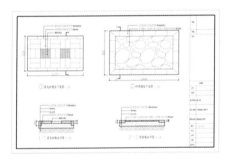
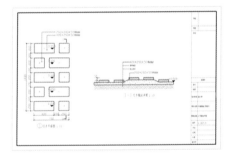

图 6-15　铺装做法详图、汀步做法详图

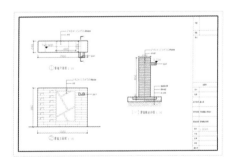
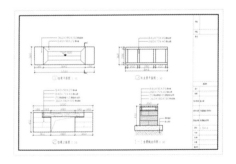

图 6-16　景墙做法详图、坐凳做法详图

　　"与谁园"运用新中式设计手法体现了中国园林的神韵。作为一件竞赛设计作品,在规定时间内完成、绘图、建造实属不易,方案具备诗情画意,并且可实施性强,能够综合体现高职院校学生的职业技能和设计修养。

　　技能型庭院设计竞赛与实际庭院设计的设计步骤基本一致,但是由于设计时间短、场地面积受限,因

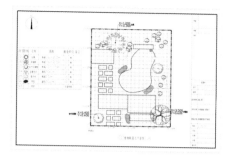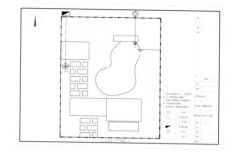

图 6-17   植物配置总平面图、水电设计总平面图

此,主要考核在一定条件下学生的综合的设计与施工能力。在这一类的庭院设计中,依然要进行构图设计、方案设计与施工图的绘制,只是前期调研转变成了一个明确的设计概念或主题,设计手段和元素的构造也宜复杂,非常有利于提升高职类院校园林设计专业学生的实际操作能力。

项 目 小 结

◯   ◯   ◯   ◯   ◯

以江苏省高等职业院校技能大赛园林景观设计与施工赛项为例,解读技能竞赛型庭院设计目标与要求,并通过竞赛实例,明确园林景观设计岗位及园林施工岗位职责,提高学生的景观设计与施工水平。

说明:本书部分图片来源于 http://www. baidu. com,http://www. abbs. com. cn,https://www. gooood. cn,http://huaban. com 和常州杰典环境艺术设计有限公司。

参考文献
References

[1] (美)格兰特·W.里德(Grant W. Reid).园林景观设计——从概念到形式[M].陈建业,赵寅,译.北京:中国建筑工业出版社,2004.

[2] 高钰.庭院景观设计[M].北京:机械工业出版社,2016.

[3] 谢明洋,赵珂.庭院景观设计[M].北京:人民邮电出版社,2013.

[4] 宁荣荣,李娜.庭院工程设计与施工从入门到精通[M].北京:化学工业出版社,2016.

[5] 许浩.景观设计——从构思到过程[M].北京:中国电力出版社,2011.

[6] 徐清.景观设计学[M].上海:同济大学出版社,2012.